大人のための
LINE ライン
Facebook フェイスブック
Twitter ツイッター
Instagram インスタグラム
Zoom ズーム
パーフェクトガイド

CONTENTS

LINE 12

Facebook 54

Twitter 88

Instagram 112

Zoom

ダウンロード付録
上級テクニック集PDF

LINE

Facebook

Twitter

Instagram

便利な5つのツールを楽しみながら使いこなせるようになりましょう!

ひとことで「SNS」といっても中身はけっこう違うのね!

友だちが使っているものから始めるのがやっぱり近道!

LINEやFacebook、Twitter、Instagramといった現在の代表的なSNSツールに加えて、人気のオンラインミーティングツール「Zoom」も解説しているのが本書です。

5つの人気アプリを集めた本書ですが、それぞれのサービスは似ているようでだいぶ違っています。すでに友達、知り合いである人たちとスムーズに連絡をとりやすくするツールであるLINE。ビジネス、社交的な付き合いもでき、中心の年齢層が少し高いのがFacebook。もっとも気楽に使え、未知の人と知り合いになりやすいのがTwitter。言葉よりも完全に画像中心でおしゃれな印象の強いの

上級テクニック集PDF
をダウンロードしよう!

誌面ではスペースの都合上、紹介できなかった上級テクニックをまとめたPDFをダウンロードして読んでいただけます。以下のサイトにアクセスして、「書籍を検索する」の部分に本書の書名を入力し、本書の紹介画面を表示させてください。画面を下にスクロールさせると「データダウンロード」の詳細

がありますので、指示に従ってボタンをクリックし、パスワードを入力してもらえばダウンロードができます。

https://www.standards.co.jp

基本を使えるように
なったら
上級テクニックPDFを
読むといいよ!

がInstagram。SNSツールとは違った趣ながら、とても便利なオンラインミーティングツールであるZoom……ものすごくおおざっぱにいえばそんな感じでしょうか。

Zoomは比較的新しいツールではありますが、それ以外の4つのアプリは、どれも開始

されてからすでに長い時間が経っているサービスです。ただ、こういうアプリを使い始めることに「早い」「遅い」はありません! 自分が気になってきた段階で始めればよいのです。「今さら」などと感じる必要はまったくありません。軽い気持ちで、一番気になるアプリから始めてみましょう。

iPhoneでの アプリ・インストール

App Install Guide For iPhone

Appleが開発・販売しているスマートフォンです。価格はやや高めですが、Apple製のコンピュータ「Mac」の流れを受け継いだ、シンプルで使いやすいOSとスタイリッシュな筐体が人気のポイントでしょう。ホームボタンのない「iPhone X」以降の機種と、ホームボタンのある機種で操作性は若干違っています。操作するにはApple IDが必要になります。本書で紹介しているSNSアプリはすべて無料で利用できます。

ホーム画面で「App Store」をアップして起動させます。

App Storeの画面になったら、右下の「検索」をタップします。

検索ウィンドウにインストールしたいアプリ名を入力します。アプリ名をすべて入力しなくても候補が表示されますが、類似アプリと間違えないようにしましょう。

LINE　 Facebook　 Twitter　 Instagram　 Zoom

正しいアプリが表示されたら「入手」をタップします。

iPhoneの機種により異なりますが、Touch IDかFace IDでの認証を行います。

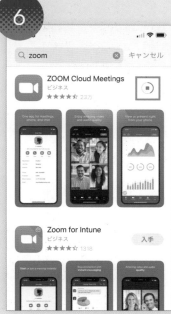

ファイルのダウンロードが開始されます。終わるまでしばらく待ちましょう。

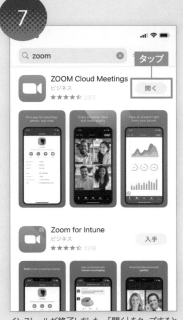

インストールが終了しました。「開く」をタップするとアプリが起動し、設定を進めていくことができます。

アプリが起動しました。これでアプリを使うことができます。

ホーム画面のアイコンをタップしてもアプリを起動できます。

Androidでの
アプリ・インストール
App Install Guide For Android Smartphone

Googleが開発した「Android」OSを搭載したスマートフォンがAndroidスマホです。iPhoneとは違い、国内外の多くのメーカーから発売されており、スペックも価格も千差万別です。「ホーム」や「戻る」ボタンがOS上に組み込まれているところがAppleのOSとは違ったポイントになっています。操作するにはGoogleアカウントが必要になります。本書で紹介しているSNSアプリはすべて無料で利用できます。

ホーム画面、もしくはアプリ画面で「Playストア」を起動させます。

Playストアに画面なったら、検索ウィンドウをタップします。

インストールしたいアプリ名を入力します。関連アプリなどが大量に表示されますので、間違えないように注意しましょう。

LINE   Facebook   Twitter   Instagram   Zoom

アプリが表示されたら、アイコンやタイトルを確認し、目的のものと違っていないか確認しましょう。

「このアプリについて」をタップしてアプリの解説文にも目を通しましょう。大丈夫なら「インストール」をタップします。

ファイルのダウンロードが始まります。終わるまでしばらく待ちましょう。

インストールができました。「開く」をタップしましょう。

サインイン、ログインが可能な画面になりました。本書の該当アプリの記事を見ながら進めていきましょう。

ホーム画面のアイコンをタップしてもアプリを起動できます。

LINE

ライン

もう、メールでの連絡は面倒すぎてやってらんないね！

「LINE」は、メッセージのやりとりや、電話のような通話が無料で楽しめるサービスです。メッセージは一対一でのやりとりはもちろん、複数人とも行えます。チャット形式でリズミカルに話を進めていくことができるので、メールよりも効率的で、とても使いやすいでしょう。通話も難しいテクニックなどは特に必要なく、「これだけでいいの!?」というぐらいに簡単に無料で話せてしまいます。本章では、LINEのアカウントの作り方から、基本的な使い方、ちょっと上級のワザまで解説していきます。

交流したくない人は悩まずにブロックしちゃえばOK！

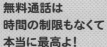

無料通話は
時間の制限もなくて
本当に最高よ！

パソコンで使うLINEは
まるで別物だから
試した方がいいよ！

＼ LINEの画面はこんな感じ！ ／

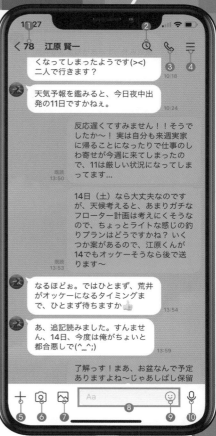

ホーム画面

❶ 設定……プロフィールやアカウント、プライバシー、トークの設定などを行います。
❷ 友達追加……友達を追加する際はここをタップして始めます。
❸ 検索……友達の名前や、メッセージ内容の検索を行います。
❹ プロフィール……自分の名前、プロフィールなどを表示します。
❺ グループ……タップすると招待されているグループや参加しているグループなどが表示されます。
❻ 友だち……タップすると友だちの一覧が表示されます。
❼ サービス……利用できるサービスの一覧が表示されます。表示する項目はカスタマイズできます。
❽ タブ……切り替えて、トークやタイムライン、ニュースなどを表示します。

トークルーム画面

❶ 戻る……トークのメイン画面に戻ります。
❷ トークの検索……キーワードを入力してトークの過去のやり取りから検索することができます。
❸ 通話……音声通話をするにはここをタップします。
❹ メニュー……トークルームのメニューを表示します。
❺ 添付メニュー……連絡先や位置情報などのデータを添付できます。
❻ カメラ……ここをタップして撮影ができます。
❼ 写真……写真を添付する際はここから。
❽ テキスト入力欄……テキストメッセージを入力します。
❾ スタンプ……スタンプや絵文字をここから送信できます。
❿ 音声入力……タップすると音声入力が可能になります。

スタンプを使う **29**ページ	公式アカウントってなに？ **45**ページ
既読をつけずに読む **31**ページ	タイムラインとは？ **47**ページ
パソコンでもLINEを使える！ **44**ページ	ストーリーってどういうもの？ **49**ページ

LINE

LINEは友達や家族、グループでいろいろな連絡ができるツール!

Eメールよりも手軽にメッセージのやりとりができる!

「LINE」は登録した友達同士でメッセージをやり取りするアプリです。チャットのようにテキスト形式で素早くコミュニケーションができ、Eメールよりもテンポよくやり取りできるのが特徴です。スマホで撮影した写真や動画をメッセージに添付して送ることもできます。

LINEのメッセージは1対1のやり取りだけでなく、「グループ」を作成することで複数の人で同時に送信することもできます。家族会議やサークルのメンバーでミーティングをするときに「グループ」は便利です。

また、音声通話機能も搭載しています。Wi-Fi環境さえあればキャリアの電話と異なり、「○分○円」などのような通話料金はかかりません。友達や家族と通話料金を気にせずいつまでもダラダラと長電話したいときに便利です。

LINEとは何をするものなのか?

1 メッセージのやり取りを楽しむ

LINEのメイン機能で最も多くのユーザーが利用するのはメッセージです。メールと同じ個人間でのやり取りで、外部の人が閲覧することはありません。

2 音声通話でおしゃべりをする

LINEでは音声通話ができます。通話料は無料なので、家族や友人と長電話する人に向いています。ビデオ通話もできます。

3 ニュースやお得なセール情報を取得できる

企業や有名人を友だちに登録することで、割引クーポンやセール情報などをメッセージで受信できます。

4 グループでコミュニケーションを行う

LINEのメッセージは複数の人と同時にやり取りできます。家族会議や勤務先のミーティングでよく活用されます。

5 写真や動画を送信できる

スマホで撮影した写真や動画を相手に送信できます。イベントや旅行先の写真を撮影して友だちに送信するときに便利です。

6 スマホ決済ができる

レジでスマホをかざすだけでお買い物ができるLINE PAYが利用できます。お金を送金したり、徴収することもできます。

LINEのアカウントを取得して LINEを使い始めよう

アカウントの取得には携帯電話番号が必要になる!

LINEを利用するにはLINEアプリをインストールしたあと、LINEアカウントを取得する必要があります。LINEアカウントを取得するには携帯電話番号が必要です。まずは、携帯電話番号付きのスマートフォンを用意しましょう。

LINEのアカウントは端末1台につき1アカウントのみ設定できます。複数のアカウントを利用することはできません。もし、複数のアカウントを利用したい場合は、アカウントの数だけ端末を用意する必要があります。1台のスマホで家族分のアカウントを用意して使い分けることはできない点に注意しましょう。

なお、LINEアプリはiPhoneの場合はApp Store、AndroidスマホのはPlayストアからダウンロードできます。ダウンロード後、LINEを起動すると初期設定画面が表示されます。

LINEアカウントを取得しよう

1 LINEアプリを起動する

LINEアプリを初めて起動するとこのような画面が表示されます。「新規登録」をタップします。

2 電話の発信の管理を許可する

電話番号認証を行うかどうかの確認画面が表示されます。「次へ」をタップします。続いてLINEに電話の発信と管理を許可するか聞かれるので「許可」をタップします。

3 電話番号を入力する

国籍は「日本」を選択し、スマホで利用している電話番号を入力します。設定したら「→」をタップします。

4 認証番号を登録する

登録した電話番号に認証番号をSMSで送信されるので入力します（通常自動入力されます）。続いて「アカウントを新規作成」をタップします。

5 名前とパスワードを入力する

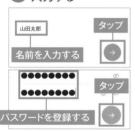

LINE上に表示させる名前を入力します。続いてログイン用のパスワードを設定しましょう。

6 友だち自動追加の設定をする

友だち追加設定です。有効にするとスマホの連絡先アプリ内の友だちを自動的にLINEの友だちに追加します。オンでもオフでもかまいません。

7 年齢確認画面をスキップする

年齢確認画面が表示されます。年齢確認が可能なキャリアを使用しているユーザーは年齢確認しておくといいでしょう。それ以外のユーザーは「あとで」をタップしましょう。

8 アカウントの作成が完了

LINEのアカウントが作成されホーム画面が表示されます。

LINE

複数の端末で同じ LINEアカウントを使うには？

スマホと同じアカウントをタブレットやPCでも使う

LINEでは基本、1つの端末（電話番号）に対して1つのアカウントだけ作成可能になっています。そのため、他のスマホに既存のLINEアカウントでログインしようとすると元の端末のLINEアカウントが使えなくなってしまいます。

ただし、特定の端末に限り、同じLINEアカウント

でログインして同時利用することができます。1つはiPadです。iPad版LINEアプリでは既存のLINEアカウントでそのままログインして利用できます。iPhoneユーザー、Androidユーザーどちらにも対応しています。なお、ログイン方法は電話番号のほか、数字による認証など複数用意されています。

スマホのLINEアカウントをiPadでも利用してみよう

1 スマホ側で設定する

iPadで利用できるようにまずスマホ側で設定する必要があります。ホーム画面左上の設定ボタンをタップして「アカウント」をタップします。

2 ログインできるようにする

ログイン許可を有効にして、ログイン時に利用するメールアドレスを設定、または確認をしておきましょう。

3 iPad版アプリをダウンロードする

iPadの App Store からLINEアプリを検索してダウンロードしましょう。

4 iPad版LINEにログインする

iPadアプリを起動します。ログイン画面が表示されます。携帯電話で利用している電話番号を入力して「スマートフォンを使ってログイン」をタップします。

5 認証番号を確認する

このような画面が表示されたら「認証番号を確認する」をタップし、スマホ版 LINE を開き「設定」→「アカウント」→「他の端末と連携」をタップします。

6 認証番号を入力する

298236

iPadに認証コードが表示されたら、スマホ側で表示された認証コードを入力しましょう。

PCでもLINEを利用できる

PC上でもスマホのLINEアカウントを利用してLINE が利用できます。LINEの公式ページからデスクトップ版 LINEをダウンロードしましょう。キーボードを使ってサクサクとトークができるのがメリットです。

パソコン版
LINEの詳細は
44ページを
参照！

LINE

友だちのLINE上で 自分の名前はどう表示される?

基本的には、自分で設定した名前で表示されるが……

LINEで友だちを追加すると、友だちリストに相手の名前が表示されます。アカウント登録時に「友だちへの追加を許可」を有効にしている場合、友だちを自動追加すると、アドレス帳に記載している名前がそのまま反映されます。

しかし、「友だちへの追加を許可」をオフにしてアカウント登録をして、手動で友だちを追加した場合は、相手が自分で設定しているLINE名が表示されます。相手がニックネームなどを使っていて誰なのかわかりづらい場合は、一目でわかる名前に変更しておくといいでしょう。LINEでは表示される友だちの名前を自由に変更することができます。なお、自分の名前も好きなように変更することができます。

LINE上の名前の見え方

自分の端末

自分の端末のLINE。自分のアカウント名は、アカウント登録時やあとで自分で変更した際に付けた名称が表示されます。

友だちの端末

標準では友だちの端末には、自分で付けた名称がそのまま表示されます。

相手の名称を自分がわかりやすいものに変更する

1 編集ボタンをタップする

タップ
shigeaki

相手の名称を変更したい場合は、プロフィール画面を開いて名前横にある編集ボタンをタップします。

2 分かりやすい名前に変更する

表示名の変更
友だちが設定した名前：shigeaki
重明
2/20
名称を設定する
保存

名称変更画面が表示されるので、好きな名称を設定しましょう。

3 名称が変更される

重明

名称が変更されました。この名称は自分の端末上のみで表示され、相手の端末側には影響を与えないので安心しましょう。

相手の名称を元の名称に戻したい場合は、名称変更画面で空白のままにして「保存」をタップ!

LINE

友だちにID検索してもらえる状態にしておこう

LINEで直接会えない遠方の人たちを友だちとして追加する場合の方法の1つとしてID検索による追加方法があります。友だちからID検索して友だちに追加してもらうには、事前に固有のIDを設定しましょう。

LINEのIDは20文字以内の半角英数字・記号を組み合わせて設定できます。ただし、すでに

LINE上の誰かが利用しているIDは利用することができません。何度か文字列を変更して利用できるIDを探しましょう。

また、LINE IDを設定するには年齢認証が必要です。ドコモ、au、ソフトバンクなどの大手キャリアを利用しているユーザーは問題ありません。契約しているキャリアのサイトにログインして

利用規約に同意することで年齢認証は完了します。

問題は格安SIMユーザーです。LINEに個人情報を提供していない業者もあるため、年齢確認ができないことがあります。現在、LINEモバイル、LINEMO、Yモバイル、mineo、IIJmio、イオンモバイルなどが対応しています。

---

1 設定の「年齢確認」を選択

ホーム画面から設定画面を開き、「年齢確認」をタップします。

2 年齢確認結果をタップ

年齢確認結果がまだ未確認の状態の場合は確認する必要があります。タップします。

3 年齢確認を行う

年齢確認をするかどうか聞かれるので当てはまるメニューを選択しましょう。ここではLINEMOを利用した年齢確認方法を紹介します。

4 携帯電話番号とパスワードを入力する

ソフトバンクのログイン画面が表示されます。利用している携帯電話番号とパスワードを入力してログインしましょう。

5 年齢確認が完了!

LINEMOに登録済みの情報をもとに年齢確認するか聞かれます。「同意する」をタップすれば年齢確認完了です。

6 プロフィール画面を開く

設定画面から「プロフィール」をタップし「ID」をタップします。

7 自分用のIDを設定する

ID設定画面が表示されます。自分用のIDを設定しましょう。使用できるIDであれば「保存」をタップします。

8 ID検索できるようにする

プロフィール画面に戻り「IDによる友だち追加を許可」にチェックを入れましょう。

QRコードを使って友だちを追加する

年齢確認作業などが行えずID検索による友だち追加ができない場合は、QRコードを使いましょう。LINEで作成したアカウントにはそれぞれ独自のQRコードが割り当てられています。このQRコードをほかのユーザーが読み取ることで友だち登録することができます。QRコードをSMSやメールなどで相手に送付しましょう。その場にいる人に読み取って追加してもらうほか、遠隔地にいるユーザーにQRコードの画像を送信することもできます。

1 友だち追加アイコンをタップ

自分のQRコードを表示するには、ホーム画面から友だち追加ボタンをタップします。

2 QRコードをタップ

友だち追加画面が表示されます。メニューから「QRコード」を選択します。

3 「マイQRコード」をタップ

相手のQRコードを読み取る場合は読み取り部にQRコードをかざします。自分のQRコードを表示するには「マイQRコード」をタップします。

4 マイQRコードを表示する

「マイQRコード」をタップするとQRコードが表示されます。このQRコードを他人に読み取ってもらえば友だちを追加できます。

ID検索で友だちを登録する

友だちがすでにLINEを使用していてIDも取得している場合は、ID検索で友だちを追加することができます。メニューの「友だち追加」画面から「検索」を選択しましょう。その後表示される画面で「ID」にチェックを入れ、教えてもらったIDを入力します。検索結果画面から該当するアカウントを探して選択すれば完了です。なお、この画面では電話番号を入力して、電話番号から相手を探して追加することもできます。

1 友だち追加画面で「検索」を選択する

ホーム画面から友だち追加ボタンをタップして友だち追加画面を表示して、「検索」をタップします。

2 IDを入力して検索する

ID検索を行う場合は、IDにチェックを入れて相手に教えてもらったIDを入力して検索ボタンをタップします。

3 電話番号で検索する

電話番号で検索する場合は、「電話番号」にチェックを入れて相手の電話番号を入力して検索ボタンをタップしましょう。

年齢認証を行う必要がある
LINEのID検索や電話番号検索をするには、事前に年齢認証を行う必要があり、年齢認証を行うには大手キャリアや対応している格安SIM業者などを利用する必要があります（ほかの格安SIMでは利用できない場合があります）。

LINE

LINEを使っていない友だちを招待することができる

追加したい友だちがまだLINEを使用しておらず、LINEに参加して欲しい場合は「招待」を使って招待状を送りましょう。招待状は友だち追加画面の「招待」から送ることができます。

招待方法はSMS（ショートメッセージ）かメールアドレスの2つがあります。電話番号を知っている場合は「SMS」を選択しましょう。電話番号は知らないがメールアドレスを知っている場合は「メールアドレス」を選択して招待状を送信しましょう。

相手が招待状内に記載されているリンクからLINEのアカウント作成を行えば、友だちに追加することができます。もし、招待状を送信しても友だちリストに追加されない場合は、相手側のアカウント登録作業がうまく行ってない場合があります。相手にLINEのアカウントが作成できているかたずねてみるといいでしょう。

1 友だち追加ボタンをタップする

招待状を送信するには、ホーム画面から右上の友だち追加ボタンをタップします。

2 「招待」をタップする

友だち追加画面が表示されます。メニューから「招待」をタップします。

3 招待方法を選択する

招待方法選択画面が表示されます。電話番号を知っているなら「SMS」、メールアドレスを知っているなら「メールアドレス」を選択しましょう。

4 SMSで招待状を送る

SMSを選択すると端末内のアドレス帳から電話番号が登録されたアドレスが読み込まれます。招待したい相手にチェックを入れて「招待」をタップしましょう。

5 アプリを選択する

SMSを送信するメッセージアプリを選択しましょう。メッセージ作成画面が表示されたらメッセージを送信しましょう。

6 メールアドレスで送信する

招待方法で「メールアドレス」を選択するとアドレス帳からメールアドレスが登録されたアドレスが読み込まれます。「招待」をタップします。

7 メールアプリを選択して送信する

共有画面が起動します。Gmailなど端末にインストールされているメールアプリを選択して、招待状メールを送信しましょう。

SMSで招待状を送信するとQRコードが画像扱いになるのでMMSのメールアドレスが必要。格安SIMユーザーは要注意!

プロフィールの写真を好きなものに変更するには?

LINE登録時はプロフィールに写真が設定されていません。自分の好きな写真を設定しましょう。写真を設定すると相手のLINEにも同じ写真が表示されるようになります。

アイコンをタップしてプロフィール画面に移動し、もう一度アイコンをタップ。

プロフィールに利用する写真を選択すると登録されます。「次へ」をタップすれば登録完了となります。

友だちが増えたらトークを並べ替えて使いやすくしよう

重要なメッセージを見逃さないようにするには、余計な通知をオフにするほかにトークの並べ方をカスタマイズする方法があります。LINEでは「受信時間」「未読メッセージ」「お気に入り」の3つの項目でトークを並べ替えることができます。

トーク画面上部の「トーク」をタップして、並べ替える基準を選択しましょう。

指定した基準で並べ替えてくれます。

「知り合いかも?」は友だちなの?

友だちリストには追加した友だち以外に「知り合いかも?」という表示がよく現れます。これは自分は相手を友だちに追加していないけれど、相手は自分を友だちに追加している状態のことを意味します。知り合いで連絡を取る友だちに追加しましょう。

友だちリストには「知り合いかも?」という項目があります。タップすると自分を登録している相手が一覧表示されます。

連絡を取り合う場合は「追加」をタップしましょう。見知らぬ不審人物の場合は「ブロック」か「通報」をタップしましょう。

よく連絡する人はお気に入りに登録する

LINEで頻繁にやり取りを行うユーザーはお気に入りに登録しておきましょう。友だちリスト最上部にある「お気に入り」に表示され、LINE起動後、素早くメッセージや通話が行えます。LINEの友だちリストが増えすぎて毎回相手の名前を探す必要がなくなります。

登録したい相手のプロフィールを表示したら、右上の星アイコンをタップして緑色にします。

ホーム画面に「お気に入り」という項目が追加され、登録したユーザーが表示されます。

LINE

友だちの「自動追加機能」は有効にすべきかどうか？

LINEのアカウント登録時や友だち追加画面には「友だち自動追加」という項目があります。この機能を「オン」にするとスマホのアドレス帳に登録している人の電話番号やメールアドレスをLINEに送信し、LINE上に該当する人がいる場合は、自動的に自分の友だちに追加してくれます。なお、自動追加した場合、相手の端末上には「知り合いかも？」に自身の名前が表示されます。相手の友だちリストには「友だち」として追加されてはいません。

1 友だち追加画面に移動する

友だち自動追加設定を変更するには、ホーム画面を開き、右上の友だち追加ボタンをタップします。

2 「友だち自動追加」をタップ

友だち追加画面の「友だち自動追加」を「許可する」をタップすると自動で追加されます。

3 友だち自動追加の設定を変更する

オフにする場合は左上の設定ボタンをタップし「友だち自動追加」をオフにしましょう。

アドレス帳に登録している人にLINEを使っていることを知られたくない場合はオフにしよう！

知らないユーザーから急にメッセージが届いたら？

LINEを利用していると知らないユーザーから突然メッセージが送られてくることがあります。LINEでは友だちに追加していないメンバーでもアカウント情報を知っていればメッセージが受信できるため、迷惑メッセージが届いてしまうのです。このようなメッセージは無視してもよいですが、何度もメッセージが来るなど通知が煩わしくもなりますので「ブロック」しましょう。相手からメッセージが来ても受信しなくなります。

1 ブロックしたい相手を選択する

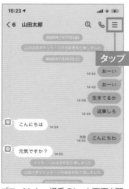

ブロックしたい相手のトーク画面を開き、右のメニューをタップします。

2 「ブロック」を選択する

「ブロック」を選択する

メニューが開くので「ブロック」を選択しましょう。これで、相手からのメッセージは届かなくなります。

3 「ブロック」を解除する

「ブロック解除」をタップ

ブロックを解除してメッセージを受け取るようにしたい場合は、メニューで「ブロック解除」をタップしましょう。

悪質な相手は通報しよう！

悪質な業者のスパムメッセージは通報しましょう。プロフィール画面で「通報」を選択して、送信すればLINE上から相手のアカウントが消えることがあります。

タップ

特定の人を除いて「友だち自動追加」をするには?

　友だち自動追加はアドレス帳に登録している人をまとめて追加でき便利ですが、仕事関係など勝手に追加したくない場合もあります。そんなときは、アドレス帳アプリで自動登録したくないユーザーの名前に半角の「#」を付けることで自動追加の対象から除外できます。

iPhoneの場合「連絡先」アプリを開き、LINEに追加したくないユーザーを表示し、「編集」をタップします。

名字の前に「#」を付けて「完了」をタップします。このユーザーは除外されます。

自分がブロックした人を確認したい

　ブロックしたのか忘れてしまったときは、対象相手のトーク画面を開きます。左下に「ブロック中」と記載していればブロックしています。これまでブロックしたメンバーをまとめて確認したい場合は「ブロックリスト」から確認しましょう。

自分が相手をブロックしている場合、トーク画面左下に「ブロック中」と表示されます。

設定画面の「友だち」から「ブロックリスト」を選択すると、これまでブロックしたメンバーが一覧表示されます。

トークルームの背景を変更したい

　トークルームの背景は標準では空模様のシンプルなデザインのものが設定されていますが、変更することができます。あらかじめLINE側が用意している壁紙を設定するほか、端末に保存されている写真やカメラ撮影した写真を設定することもできます。

トークルーム画面で右上の設定ボタンをタップし「その他」→「背景デザイン」を選択します。

用意されている壁紙を指定する場合は「デザインを選択」から好きな壁紙をタップしましょう。適用されます。

壁紙を選択する

余計なメッセージを削除して見やすく!

　トークルームをあとで読み返しやすくするには余計なメッセージを削除しましょう。メッセージを長押しして表示されるメニューから「削除」をタップするとそのメッセージを削除できます。ただし、相手のトーク画面上にはメッセージは残ったままになります。

チェックを入れる

削除したいメッセージを長押しし、「削除」をタップします。

削除したいメッセージにチェックを入れ、右下の「削除」をタップしましょう。

LINE

友だちにブロックされていないかチェックしよう

いつも連絡を取っていた相手からメッセージが返ってこなくなることがあります。ブロックされている可能性がありますが、LINEではブロックされたことを通知してくれません。しかし、いくつかブロックされていることを確認する方法があります。

1つはスタンプをプレゼントする方法です。スタンプ/着せ替え/絵文字をプレゼントしようとすると「プレゼントできません」というポップアップ表示が出る場合は、ブロックされている可能性が高いでしょう。ただし、相手が同じスタンプを持っているとプレゼント

できません。

ほかの方法として第三者の力を借りることになりますが、複数人トークに対象相手を招待してみましょう。ブロックされている場合は、招待はできてもメッセージが相手に届かないため無反応になります。

1 相手にプレゼントしてみよう

スタンプをプレゼントするには、メニューから「ホーム」を選択して「スタンプ」を選択します。

2 「プレゼントする」を選択する

スタンプ情報画面で「プレゼントする」を選択します。

3 対象相手にチェックを入れる

ブロックされていると思われている相手にチェックを入れて、右上の「OK」をタップします。

4 スタンプ送信ができないという表示

「OK」ボタンタップ後に、このような「プレゼントができません」という表示が出る場合はブロックされている可能性が高いです。

既読が付かないならブロックされてる?

トーク画面でいつまで立っても「既読」がつかない場合はブロックされている可能性があります。ブロックされているとメッセージが相手に届かないせいです。

何日経っても既読マークが付かない場合はブロックされている可能性がある。

5 複数人トークを利用する

複数人トークを作成するには、「トーク」画面で右上の作成ボタンをタップして「トーク」をタップします。

6 対象相手をトークに加える

選択画面でブロックされていると思われる相手を含めた状態で複数トークを作成しましょう。

7 メッセージを送信する

複数トーク画面を作成後、メッセージを送ってみましょう。反応に「既読」がつかない場合はブロックされている可能性があります。

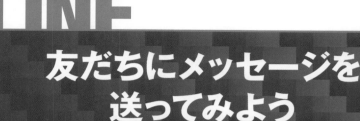

友だちにメッセージを送ってみよう

ホーム画面やトーク画面からメッセージを送信する

友だちを登録したらまずはメッセージを送ってみましょう。たとえ相手が友だちリストに自分を登録していなくてもメッセージだけなら、相手からブロックされない限りこちらから一方的に送信することができます。

LINEではメッセージ送信機能を「トーク」と呼びます。メッセージを送信するには、ホーム画面に表示されている友だちの名前をタップし、表示され

るプロフィール画面から「トーク」を選択しましょう。「トーク」画面が表示されたら、画面下部にある入力フォームにテキストを入力して送信ボタンをタップします。相手がメッセージを読んだ場合はメッセージ横に「既読」と表示されます。テキストのほかに写真やスタンプ、位置情報、音声メッセージなども送信できます。なお、一度やり取りしたメッセージ履歴は下部メニューの「トーク」から確認できます。

友だちにメッセージを送信しよう

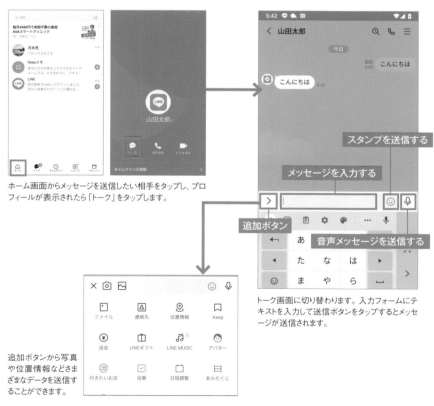

スタンプを送信する

メッセージを入力する

追加ボタン

音声メッセージを送信する

ホーム画面からメッセージを送信したい相手をタップし、プロフィールが表示されたら「トーク」をタップします。

トーク画面に切り替わります。入力フォームにテキストを入力して送信ボタンをタップするとメッセージが送信されます。

追加ボタンから写真や位置情報などさまざまなデータを送信することができます。

やり取りしたメッセージを確認するには、「トーク」メニューで対象の相手を選択しましょう。

LINE

メッセージを転送したい

LINEで送受信したメッセージをほかの友だちに転送したい場合は、転送機能を利用しましょう。「トーク」画面で対象のメッセージを長押しして表示されるメニューから「転送」を選択します。続いて転送したい相手を選択しましょう。

転送したいメッセージを長押しし、「転送」をタップします。

下の「転送」をタップ。続いて表示される画面で転送相手を選択します。

送信したメッセージを削除するには?

「トーク」で送信したメッセージは24時間以内であれば「送信取消」をタップすれば取り消すことができます。既読が付いていても取り消すことができます。ただし、相手のウインドウには「○○さんがメッセージの送信を取り消しました」など取消行為をした痕跡は残ります。

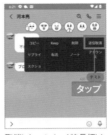

取消したいメッセージを長押しして「送信取消」をタップ。

相手の端末にはこのように「○○さんがメッセージの送信を取り消しました」と表示される。

メッセージの誤送信を防ぎたい

LINEでは改行キーが送信ボタンにもなっているので、書いている途中改行しようとして誤って送信してしまうことがあります。改行キーによる誤送信をオフにしたい場合は、「設定」画面の「トーク」を開き「改行キーで送信」をオフにしておきましょう。

ホーム画面から設定画面を開き、「トーク」をタップします。

「改行キーで送信」のスイッチをオフにしましょう。

複数人トークで特定のメッセージに返信する

複数人トークをしていると、誰のどのメッセージに対してレスポンスをしているのかわからなくなるときがあります。そんなときはリプライ機能を利用しましょう。送信したメッセージ上に元のメッセージも表示されるので、どのメッセージに対する返信なのかわかりやすくなります。

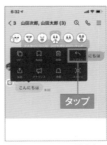

返信したいメッセージを長押しし、「リプライ」をタップします。

返信メッセージと元のメッセージが一緒に表示されます。

LINE独自の絵文字を使ってみよう!

LINEではテキストメッセージだけでなく、絵文字を送信することができます。スマホのキーボードに用意されている絵文字を選択するのもよいです

が、LINEで用意されているLINEにちなんだキャラクターの絵文字を使ってみるのもよいでしょう。利用するにはテキスト入力フォームの右側にある顔文

字をタップすると利用できる顔文字が表示されます。またテキスト入力ボックスに文字を入力するたびに利用する顔文字が候補表示されます。

1 入力ボックスから選択する

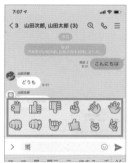

入力ボックスにテキストを入力するたびに、絵文字の候補が表示されます。

2 LINE専用の顔文字を利用する

テキスト入力フォーム横にある顔をタップするとLINE専用の顔文字が利用できます。下部メニューの顔文字メニューから好きなものを選択します。

3 長押しメニューも利用できる

送信したスタンプを長押しするとメッセージ同様にメニューが表示され、「送信取消」「削除」「リプライ」などの操作ができます。

4 よく使う顔文字はここから

下部の顔文字メニューの左から2番目のタブでは過去に使った顔文字が表示されます。よく使う顔文字はここから選択しましょう。

写真をアップロードしよう。レタッチもできる!

LINEではスマホに保存している写真や、スマホのカメラを使ってその場で撮影した写真を送信できます。イベントや旅行の写真を共有したいときに

便利です。写真は一度に最大50枚まで送信することができます（ただしアップロードに時間がかかります）。また、編集メニューを利用してさまざまなレタ

ッチができます。人の顔を隠したいときはスタンプを貼り付けたり、トリミングで写真から必要な部分だけを切り抜くなど機能は豊富です。

1 写真アイコンをタップする

写真を送信するにはテキスト入力フォームの左側にある矢印をタップし、アイコン表示が変わったら写真アイコンをタップします。

2 アップしたい写真を選択する

送信したい写真にチェックを付けていきましょう。写真をレタッチする場合は写真をタップします。

3 写真をレタッチする

レタッチ画面が表示されます。上部にあるさまざまなレタッチツールで写真をレタッチしましょう。レタッチ後、右下にある「送信」ボタンをタップします。

4 写真がLINE上に送信された

トーク画面に写真が送信されます。写真もメッセージや顔文字同様に長押しすると表示されるメニューからさまざまな操作ができます。

動画をアップロードしよう。編集も可能だ!

LINEではスマホで撮影した動画も送信できます。保存している動画だけでなく、その場で撮影したムービーも送信できます。ただし、送信する動画には5分の時間制限があります。事前にトリミングして5分以内に収まるようにしましょう。

なお、画像を送信するときと同じく、動画も送信する際にレタッチが可能です。その場で撮影して送信する際はフィルタを使って色彩を変更することもできます。

1 アイコンをクリックする

保存している動画はこちら

撮影して送信する場合はこちら

保存している動画を送信する場合は右側の写真アイコン、撮影して送信する場合左側のカメラアイコンをタップ。

2 アップする動画を選択する

選択、レタッチする場合はタップ

写真アイコンを選択した場合、写真選択画面が表示されます。送信したい動画を選択します。レタッチする場合はタップします。

3 動画をレタッチする

レタッチメニュー

レタッチ画面では画面上部にあるメニューを使って動画をレタッチできます。ここではトリミングをするのでハサミアイコンをタップします。

4 5分に収まるようにトリミングする

送信するシーンを指定する

トリミング画面が表示されます。左右をつまんで送信する部分を範囲指定しましょう。送信するには5分以内に収まるように動画を調整する必要があります。

現在の位置情報を友だちに伝えよう

友だちと待ち合わせをしているときに便利なのがLINEの位置情報送信機能です。GPS機能を利用して現在自分のいる場所の情報を送信できます。テキスト入力フォーム左端にある追加ボタンをタップして表示されるメニューから「位置情報」を選択しましょう。送信された位置情報をタップするとGoogleマップで赤い旗のアイコンで詳細な位置情報を教えてくれます。スマホのGPS機能を有効にしておく必要があります。

1 追加ボタンをタップ

タップ

位置情報を送信するにはテキスト入力フォーム左端にある追加ボタンをタップします。

2 「位置情報」を選択する

タップ

メニュー画面から「位置情報」を選択しよう。

3 位置情報を送信する

タップして位置情報を送信する

現在の位置情報が赤い旗のアイコンで表示される。正しければ「この位置を送信」をタップしよう。

手動で位置情報を指定するには?

位置情報が正しく表示されない場合は、手動で住所や建物情報を入力して表示する方法もあります。マップ下の検索フォームに住所情報を入力しましょう。

LINE

スタンプってどんなもの？絵文字との違いは？

絵文字や顔文字よりもグンとトーク画面が華やかに！

　LINEで送信できるコンテンツの中で特に人気が高いのが「スタンプ」と呼ばれるものです。スタンプとは顔文字や絵文字とよく似たLINE専用のイラストコンテンツです。言葉にしづらいニュアンスを表情豊かなイラスト形式で伝えたり、画面を華やかに彩りたいときにも便利です。

　スタンプは標準で無料で使えるものがいくつか用意されており、「マイスタンプ」からダウンロードすることで利用することができます。設定画面の「スタンプ」→「マイスタンプ」からマイスタンプにアクセスできます。

　ダウンロードしたスタンプを送信するにはテキスト入力フォーム右側にある顔文字アイコンをタップし、好きなスタンプもしくは絵文字を選択します。

スタンプでトーク画面を彩ろう

スタンプを使うとこのようにトーク画面上にかなり大きなイラストが表示されます。絵文字や顔文字よりもインパクトがあります。

1 「スタンプ」をタップする

タップ

タップ

ホーム画面から設定ボタンをタップし、設定画面を開いたら「スタンプ」をタップします。

2 「マイスタンプ」をタップする

「マイスタンプ」を選択する

スタンプ画面から「マイスタンプ」を選択します。

3 ダウンロードボタンをタップ

ダウンロードボタンをタップ

マイスタンプ画面。標準では7つのスタンプを無料でダウンロードできます。ダウンロードボタンをタップしましょう。

4 スマイルアイコンをタップする

タップ

スタンプの種類を選択する

入力フォームの右にあるスマイルアイコンをタップします。スタンプ・絵文字画面が表示されるので、利用するスタンプの種類を選択しましょう。

5 スタンプを送信する

タップして送信

送信したいスタンプをタップするとトーク画面にスタンプが貼り付けられます。

左右上下にフリックするとスタンプの種類を素早く切り替えられるよ！

LINE

使えるスタンプをもっと増やそう!

スタンプは標準で用意されているもののほかにもたくさんあります。物足りない人は「スタンプショップ」にアクセスしてさまざまなスタンプをダウンロードしましょう。ホーム画面の「スタンプショップ」からアクセスできます。

スタンプショップではLINEで送信可能な有料・無料のスタンプが多数用意されており、ダウンロード(購入)することができます。「人気」「新着」「イベント」などカテゴリごとにスタンプが分類されており、また検索フォームからキーワードで目的のスタンプを探すことができます。ダウンロードしたスタンプはトーク画面のスタンプ画面から利用することができます。

無料スタンプのみを探すなら「イベント」をチェックしましょう。ここでは、企業の公式アカウントを友だちとして追加したり、一定の条件を満たすことで、利用できる期間は限られていますが無料でダウンロードできるスタンプが多数あります。

1 スタンプショップにアクセスする

スタンプショップにアクセスするには、ホーム画面をタップし、「スタンプ」を選択します。

2 スタンプショップを開く

スタンプショップが開きます。ホーム画面では自分へのおすすめスタンプや新着スタンプ、人気スタンプなどが一覧表示されます。

3 無料のスタンプを探す

無料のスタンプをダウンロードするには「イベント」をタップしましょう。ここでは友だち追加をするだけでダウンロードできる無料スタンプがあります。

4 「追加」をタップして友だち登録

気になる企業の無料スタンプを見つけたらタップします。プロフィール画面が表示されるので「追加」をタップします。

「無料」でスタンプを検索する

LINEのホーム画面の検索フォームに「無料」と入力して検索して「スタンプ」タブを選択すると効率よく無料で使えるスタンプを探すことができます。

5 スタンプをダウンロードする

友だち追加が完了するとダウンロード画面が表示されます。「ダウンロード」をタップしましょう。

6 ダウンロードしたスタンプを使う

トーク画面を開きスタンプ画面を開きましょう。スタンプタブに切り替えると新しいスタンプが追加されます。

無料で利用できるスタンプは使用期間がありいずれ使えなくなるものもあるので注意よ!

LINE

既読をつけずに メッセージを読む方法

通知画面で確認し機内モードにしてLINEを起動する!

LINEで受信したメッセージをトーク画面を開いて確認すると「既読」マークが付きます。相手のメッセージを読んだことを伝えるのに便利な機能ですが、メッセージを読んだのに返信しない「既読スルー」などで相手とトラブルになる原因にもなります。

LINEで「既読」マークを付けずにメッセージを確認する方法がいくつかあります。最も有名なのは

ロック画面に表示される通知バーで読み、LINEアプリを起動しない方法です。設定画面の「通知」項目で「メッセージ通知内容表示」を有効にすることで通知バーで内容を表示してくれます。

もう1つは機内モードを利用する方法です。LINEアプリを起動する前に機内モードを有効にして起動すれば既読の通知が送信されなくなります。ただし、この方法はiPhoneのみ有効です。

機内モードにしてLINEアプリを起動する

1 通知設定を 変更する

事前にLINEの設定画面から「通知」を開き、「メッセージ通知内容表示」を有効にしましょう。

2 通知内でメッセージ を確認する

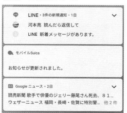

LINEのメッセージが届くと通知画面でメッセージ内容が確認できます。この時点ではまだ相手のトーク画面では「既読」マークは付いていません。

3 iPhoneの機内 モードを有効にする

iPhoneの通信設定画面を起動して機内モードに変更する。

4 LINEアプリを 起動する

機内モードになっているのを確認してLINEアプリを起動して、トーク画面を開きメッセージを確認しましょう。

5 「既読」が付かない

送信側のトーク画面。このように既読マークが付いていません。

6 LINEアプリを 完全に終了する

LINEアプリを閉じて機内モードから通常モードに戻すと既読が付いてしまいます。まず、バックグラウンドで起動しているLINEアプリを完全終了させましょう。

7 機内モードを オフにする

LINEアプリを完全に終了させてから、機内モードをオフにして通常の通信モードに戻します。これで相手側には既読マークは付きません。

機内モードを使って閲覧する方法はAndroidではうまくいかないので注意!

通知の際にホーム画面にメッセージを表示させない（iPhone）

　LINEでは標準設定だとメッセージを受信するたびにメッセージ内容がロック画面にプッシュ通知されます。いち早く確認でき便利ですが、第三者に盗み見されてしまう危険性があります。
　盗み見をさけるにはLINEの設定画面から「通知」を開き、「メッセージ通知の内容表示」をオフにしましょう。この設定ならばプッシュ通知時に「新着メッセージがあります」と表示され、具体的な内容は表示されません。

1 標準だとメッセージが表示される

LINE標準設定だとこのようにロック画面にメッセージ内容が表示されてしまい、第三者に内容を見られてしまう可能性があります。

2 設定画面から通知設定へ

「通知」をタップ

表示させないようにするにはホーム画面から設定ボタンをタップして設定画面を開き、「通知」をタップします。

3 メッセージ通知内容を非表示にする

オフにする

「メッセージ通知の内容表示」をオフにしましょう。

4 メッセージ内容が非表示になる

このように新着メッセージを受信した際には「新着メッセージがあります。」とだけ表示されるようになります。

通知の際にホーム画面にメッセージを表示させない（Android）

　iPhoneと同じくAndroid端末でもLINEでメッセージを受信すると、標準ではロック画面に内容が表示されてしまいます。住所や電話番号などが記載されたメッセージ内容だと個人情報が漏洩してしまう危険性があります。
　内容を非表示にするにはiPhoneと同じく、LINEの設定画面から「通知」を開き、「メッセージ通知の内容表示」をオフにしましょう。

1 標準だとメッセージ内容が表示される

LINE標準設定だとこのようにロック画面にメッセージ内容が表示されてしまい、第三者に内容を見られてしまう可能性があります。

2 設定画面から通知設定へ

「通知」をタップ

表示させないようにするにはホーム画面から設定ボタンをタップして設定画面を開き、「通知」をタップします。

3 メッセージ通知内容を非表示にする

オフにする

「メッセージ通知の内容表示」をオフにしましょう。

4 メッセージ内容が非表示になる

このように新着メッセージを受信した際には「新着メッセージがあります。」とだけ表示されるようになります。

複数の写真をアップするなら「アルバム」を使おう

トークルームで複数の写真をまとめて相手に送信する場合は「アルバム」機能を利用しましょう。スマホ内の写真を複数選択し、1つのアルバムにま とめてトークルームに送信できます。アルバムには好きな名前を付けることができ、アルバム作成後に写真を追加することもできます。また、トークルー ムメニューから作成したアルバムにアクセスできるため、トークルーム上にバラバラに写真が散逸してしまうこともありません。

1 トークルームメニューを表示する

アルバムを作成したいトークルームを開き、右上のメニューボタンをタップして「アルバム作成」をタップします。

2 アルバムに入れる写真を選択する

アルバム作成ボタンをタップすると端末内の写真が表示されるので、アルバムに保存する写真にチェックを入れて、「次へ」をタップします。

3 アルバム名を付けて「作成」をタップ

保存する写真にチェックを入れたらアルバム名を付けて「作成」をタップしましょう。

4 アルバムが作成される

選択した写真を1つのメッセージにまとめて送信できます。作成したアルバムはトークルームメニューの「アルバム」から素早くアクセスできます。

通知やバイブレーションを変更する（iPhone）

LINEでメッセージを受信したときの通知音を変更するには、LINEの設定画面の「通知」→「通知サウンド」で行えます。用意されているサウンドをタップすると再生して確認できます。なお、バイブレーションのオン、オフ設定は「通知」→「アプリ内バイブレーション」で切り替えることができます。

LINEの設定画面から「通知」→「通知サウンド」と進み、使用するサウンドにチェックを付けましょう。

バイブレーションをオフにするには「通知」→「アプリ内のバイブレーション」をオフにしましょう。

通知やバイブレーションを変更する（Android）

AndroidのLINEでメッセージを受信したときの通知音の変更は、LINEの設定画面の「通知」→「通知サウンド」で行えます。用意されているサウンドをタップすると再生して確認できます。なお、バイブレーションのオン、オフ設定は「通知」→「バイブレーション」で切り替えることができます。

LINEの設定画面から「通知」→「通知サウンド」と進み、使用するサウンドにチェックを付けましょう。

バイブレーションをオフにするには「通知」→「バイブレーション」をオフにしましょう。

LINE

友だちやグループごとに通知を変更したい

頻繁にメッセージが送られてくるようになると通知が多くなり、重要な知り合いからのメッセージを見逃しがちです。余計な通知をオフにしましょう。LINEではトークルーム別に通知をオフにすることができます。すぐにメッセージを確認しなくてもよい相手の通知はオフにしましょう。通知をオフにしても相手に知られることはありません。

1 メニューボタンをタップ

特定のトークルームの通知をオフにするにはトークルームを開いて、右上のメニューボタンをタップします。

2 通知をオフにする

メニュー画面が表示されます。「通知オフ」をタップしましょう。

3 通知がオフの状態

通知がオフになるとサイレントマークになります。もう一度タップすると通知がオンになります。

一時的にLINEの通知をオフにしたい

ミーティングや就寝中など一時的にLINEの通知をオフにしたい場合は、LINEの「設定」画面から「通知」メニューを開き「一時停止」機能を利用しましょう。

頻繁に届くLINEの通知を減らしたい

LINEで新着メッセージ受信を知らせる以外にも、タイムラインへのコメント、自分へのメンション、LINE Payなどさまざまな通知が届きます。友だちからのメッセージのみ通知にするなど通知設定をカスタマイズしたい場合は設定画面の「通知」でカスタマイズしましょう。ここでは通知項目のオン・オフを個別に設定できます。初期状態ではすべてオンになっているので、不要なものはオフにしていきましょう。

1 「通知」設定を開く

ホーム画面から設定を開き「通知」を開きます。ここで、通知が不要な項目をオフにしましょう。

2 連動アプリの通知をオフにする

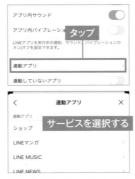

LINE公式からのさまざまな通知をオフにする場合は「連動アプリ」をタップし、各種サービスをタップします。

3 不要な通知をオフにする

「メッセージ受信」や「メッセージ通知」のスイッチをオフにしましょう。

ガンガン鳴る通知に困ったらまずここをチェック!

LINE Payってどんなもの

スマホを使って手軽に決済サービスが使える

「ウォレット」は、LINEの決済サービス「LINE Pay」を利用するための画面です。LINE Payを使えば、LINE Pay加盟店で買い物をした際にレジでスマホの画面に表示されてるコードをかざすだけで支払いが完了できます。現金のやり取りを直接行う必要はなくなり、財布を持ち歩いたり接触機会を減らすことができます。ほかに、LINEでつながっている友だち間で送金することもできます。なお、あらかじめLINE Payに利用する金額をチャージしておく必要があります。

LINE Payによる決済を行うにはまず、LINE Payの新規登録作業を行いましょう。「ウォレット」タブを開いたら一番上に表示される「今すぐLINE Payをはじめる」をタップしましょう

LINE Payを新規登録しよう

1 ウォレット画面を開く

「ウォレット」タブを開き、画面上部「LINE Payをはじめる」をタップします。

2 LINE Payを始める

LINE Payをはじめる画面が表示されます。「はじめる」をタップして同意規約にチェックして進めましょう。

3 LINE PAYをタップする

元の画面に戻ったらパスワードの設定をします。一番上の部分をタップします。

4 パスワードを設定する

LINEPayを使うためのパスワードを設定しましょう。入力後、もう一度確認のためのパスワードを入力すれば完了です。

LINE Payのメイン画面

① 残高
② 残高のチャージ
③ コードリーダー
④ タップすると相手に自分の支払いコードを表示させる
⑤ 友だち間で送金する
⑥ 利用明細
⑦ LINE Pay プリペイドカードを使って Google ペイを利用できる

LINE Payにチャージしよう

LINE Payを使って買い物をするには、事前に金額をチャージしておく必要があります。チャージ方法はおもに銀行口座からチャージする方法とセブン銀行ATMからチャージする方法の2種類が用意されています。銀行口座からのチャージだと送金や出金が非常にスムーズですが、銀行口座がない場合はセブンイレブンのATMを利用しましょう。口座なしでも現金で手軽にチャージできます。

1 チャージボタンをタップする

LINE Payの画面の追加ボタンをタップします。チャージ方法を選択します。ここではセブン銀行ATMを選択します。

2 セブン銀行のATMへ行く

このような画面が表示されます。セブン銀行のATMの画面で「スマートフォンでの取引」をタップした後、スマホ画面の「次へ」をタップします。

3 QRコードを読み込む

QRコードがATM画面に表示されるのでLINEアプリのコードリーダーでQRコードを読み込みます。企業番号が表示されたら、番号をATM画面に入力します。

4 チャージする

ATMの現金受け渡し機が開口するので金額をチャージしましょう。終了するとアプリに金額がチャージされています。

LINE Payでコード支払いをしてみよう

LINE Payにチャージできたら実際に支払いをしてみましょう。LINEが利用できるお店に行き、レジでLINE Payを立ち上げたら「ウォレット」タブを開き「コード支払い」ボタンをタップします。パスワード入力後にスマホに表示されるコードをレジの人に見せて読み取ってもらいましょう。逆に自分でコードを読み取って支払う場合はコードリーダーを起動して相手が提示したQRコードを読み取りましょう。

1 コード支払いボタンをタップ

支払いをする場合は「ウォレット」タブを開き、コード支払いボタンをタップします。

2 レジに読み取ってもらう

支払いコードが表示されます。レジの人に見せてコードを読み取ってもらえば支払いは完了です。

3 QRコードを読み取る

自分でQRコードを読み取る場合はコードリーダーボタンをタップして起動するカメラでQRコードを読み取りましょう。

LINE Payアプリも使おう

LINE Payを素早く起動したいなら、「LINE Pay」専用アプリをApp StoreやPlayストアからダウンロードしましょう。アプリを起動するとすぐに支払いコード画面を表示してくれます。

地図機能でLINE Payを利用できる店舗を探すこともできます。

LINEのアカウントを新しいスマホに引き継ぎたい

メールアドレスの登録を必ずしておこう

新しいスマホに買い替えた際、これまで使っていたLINEのアカウントは新しいスマホでも引き継いで利用することができます。ただし、引き継ぎ前には事前準備が必要です。

まず、引き継ぐ前のスマホで「メールアドレス」「パスワード」「電話番号」の登録内容を確認します。電話番号による引き継ぎをする場合、ログインパスワードを入力する必要があります。もしログインパスワードを忘れてしまった場合は、登録しているメールアドレスにパスワードの再設定メールが送られてきます。3つの情報の確認と設定が終わったら、「設定」画面に戻り「アカウント引き継ぎ」を開き、「アカウントを引き継ぐ」を有効にします。この設定を有効にしてから36時間以内に新しいスマホで引き継ぎ作業を行いましょう。ここでは、一例として電話番号が同じのまま機種変更するときの方法を紹介します。

引き継ぐ前のスマホ設定をする

1 設定画面を開く

「メールアドレス」「パスワード」「電話番号」を確認します。ホーム画面から設定ボタンをタップします。

2 「アカウント」をタップ

設定画面が表示されたら「アカウント」をタップします。

3 アカウント情報を確認する

引き継ぎに必要なのは「電話番号」「メールアドレス」「パスワード」の3つです。確認してメモしておきましょう。

4 「アカウント引き継ぎ」をタップ

設定画面に戻り「アカウント引き継ぎ」を選択します。「アカウントを引き継ぐ」を有効にします。

引き継ぎ後のスマホの設定をする

1 電話番号を入力

新しいスマホにLINEをインストールして起動します。電話番号の入力画面が表示されるので電話番号を入力します。

2 認証コードを入力

入力した電話番号にSMSで認証番号が送信されるので送信された認証番号を入力します。

3 パスワードを入力する

続いてパスワード入力画面が表示されます。以前の端末に登録しておいたパスワードと同じものを入力しましょう。

4 トークを復元する

トーク履歴の復元設定画面です。「トーク履歴を復元」をタップしましょう。これで引き継ぎは完了です。異なるOS（iPhone⇔Android）での引き継ぎを行う場合、トーク履歴のバックアップはできません。

不要になった
トークルームを
削除する

　使わなくなったトークルームは削除していきましょう。今よく使うトークルームだけが一目でわかるようになります。なお、トークルームを削除しても友だちリストから消えることはないので問題はありませんが、削除すると過去の履歴が見れなくなる点に注意しましょう。

トーク画面右上にある「編集」をタップし、削除したいトークルームにチェックを入れて、「削除」をタップします。

削除確認画面が表示されます。「削除」をタップするとトークルームが削除されます。

電話番号が変わっても LINE のアカウントは引き継げる？

　電話番号を変えても以前と同じLINEアカウントを使えます。39ページと同じ方法でアカウントの引き継ぎを進め、新しい端末で新しい電話番号を入力後、アカウント引き継ぎ設定を選択し、「以前の電話番号でログイン」を選択し、設定しておいたパスワードを入力すれば完了です。

新しい電話番号を登録しようとすると、前に使っていた人のアカウント名が表示されることがあります。ここでは「いいえ、違います」をタップします。

アカウント引き継ぎ設定画面になります。「アカウントを引き継ぐ」を選択し、以前の電話番号、もしくは登録しているメールアドレスで引き継ぎをします。

気になるメッセージをメモするには「Keep」を使う

　気になるメッセージをちょっとしたメモのような感じで保存する場合は「Keep」を使いましょう。「ノート」と異なり自分しか見えないのが特徴です。自分のプロフィール画面で「Keep」を選択しましょう。

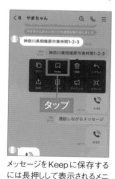

メッセージをKeepに保存するには長押しして表示されるメニューから「Keep」をタップして「保存」をタップします。

保存したKeepを閲覧するにはプロフィール画面を開き「Keep」をタップしましょう。保存したKeepがファイルの種類ごとに分類されます。

Keep に保存した内容を整理する

　Keep画面では保存したKeepが自動で写真、テキストなどファイルの種類別に分類されます。また、コレクション（フォルダのようなもの）を作って自由に分類できます。保存したKeepを削除したい場合は左へスワイプして「削除」を選択しましょう。

コレクションに追加するKeepにチェックを付けて下の追加ボタンをタップします。

追加ボタンをタップして、コレクション名を入力しましょう。選択したKeepが保存されます。

複数人トークとグループトークの違いはなに？

LINEで3人以上でメッセージのやり取りを行うには「複数人トーク」と「グループトーク」の2種類の方法があります。両者の大きな違いは招待を送る際の手間や利用できる機能にあります。複数人トークでは1対1でのやり取り中に招待して3人以上のやり取りができますが、グループトークは先にグループを作成しておく必要があります。一方、複数人トークではグループノートのようなアルバムやノートなどの作成が行なえません。

1 1対1のやり取り時のメニュー画面

1対1でのトーク時のメニュー画面です。ノートやアルバムなどLINEのメイン機能の大半が利用できます。

2 複数人トーク時のメニュー画面

複数人トークのときのメニュー画面です。1対1のときのメニュー画面と異なりノートとアルバムが使えなくなります。

3 グループトーク時のメニュー画面

グループトーク時のメニュー画面です。1対1のトーク時とメニュー構成は同じでノートやアルバムも利用できます。

複数人トークからグループを作成する

複数人トークは機能が限られていて不便ですが、複数人トーク画面から参加しているメンバーでグループを作成することもできます。ノートやアルバムが必要になったときはグループトークに変更するといいでしょう。

メニューの「メンバー」から「グループ作成」をタップ

トーク中に別の友だちを参加させたい

特定の友だちとメッセージのやり取りをしているときに、ほかの友だちを参加させたい場合は「招待」を利用しましょう。トークルーム右上のメニュー画面から「招待」を選択して、招待したいメンバーを指定すればよいだけです。ただし、招待されたメンバーはこれまでのやり取りのログは閲覧できません。

トークルーム右上にあるメニューボタンをタップして「招待」をタップします。

招待したいメンバーにチェックを入れて右上の「招待」をタップしましょう。

グループに招待されたらどうすればよい？

LINEのユーザーからグループに招待されると、友だちリストの「招待されているグループ」にグループが表示されます。ここでは参加しているメンバーが表示されます。参加しているメンバーを確認してから参加するか決めましょう。嫌な場合は「拒否」をタップします。

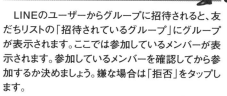

グループに招待されるとホーム画面に「○○があなたを招待しました」という項目が追加されます。タップします。

グループプロフィールを表示します。数字部分をタップすると参加しているメンバーがわかります。下のボタンで参加するか拒否するか決めましょう。

LINE

仲のよい友達だけでグループを作って話したい

　LINEに登録している複数の友だちと同時にメッセージをするには「グループトーク」を利用しましょう。ノート機能やアルバム機能など「複数人トーク」より機能が豊富で、一時的なおしゃべりよりも、特定の人と長期的なやり取りを行う際に便利です。

　グループでは最大499人まで友だちを招待することができます。グループには好きなグループ名を付けることができるので趣味のサークルや仕事のプロジェクト名などを付けて活用するのが一般的な使い方となります。また、グループには写真をアップロードしてアイコンを設定することができます。

　グループを作成するには、まずグループ名を設定し、その後グループに招待するメンバーを友だちリストから選択します。招待状が届いた相手が参加すればグループでのやり取りが開始となります。参加者の顔をうかがいながらのビデオ通話もできるので、オンラインミーティングにも最適です。

1 友だち追加画面を開く

ホーム画面を開き右上にある友だち追加ボタンをタップします。「グループ作成」をタップします。

2 招待メンバーにチェックを入れる

グループに招待するメンバーにチェックを入れて「次へ」をタップします。

3 グループ名を設定する

続いてグループ名を設定しましょう。またアイコンをタップするとグループアイコンを変更できます。設定したら「作成」をタップします。

4 グループ名の作成完了

グループが作成されるとホーム画面の「グループ」項目に追加されます。トークをはじめるにはグループ名をタップします。

5 グループ名画面を開く

グループ画面が開きます。招待に参加したメンバーのアイコンが表示されます。「＞」をタップすると招待中のメンバーが表示されます。

6 メッセージのやり取りを行う

メッセージのやり取りは通常のトーク画面とほぼ変わりはありません。既読マーク横に表示される数字は既読した参加中のメンバーの数だけ表示されます。

7 メニュー画面から各種機能を使おう

右上のメニューボタンをタップするとさまざまな機能が利用できます。退会もここで行なえます。

8 音声通話やビデオ通話をする

トーク画面右上にある受話器アイコンをタップするとグループでの音声通話やビデオ通話が行えます。

グループのアイコンや名前を変更したい

グループのアイコンは招待したメンバーだけでなく、招待されたメンバーが自由に変更することができます。アイコンはあらかじめいくつかデザインが用意されているほか、スマホ内に保存している任意の写真を設定できます。グループ名も自由に編集することができます。ただし、変更するとほかのメンバーの端末から見たときのアイコンや名前も変更されてしまうので、変更する前にはメンバーに一声かけておきましょう。

1 設定ボタンをタップする

グループのプロフィール画面を表示し、右上の設定ボタンをタップします。

2 トーク設定画面が表示される

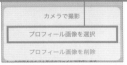

トーク設定画面が表示されます。アイコンを変更するにはアイコン横のカメラボタンをタップして「プロフィール画像を選択」をタップします。

3 写真を選択する

写真選択画面が表示されます。用意されている写真を選択できるほか「写真を選択」からスマホに保存している写真を指定することもできます。

4 グループ名を変更する

グループ名を変更する場合はトーク設定画面の「グループ名」をタップしてグループ名を入力しましょう。

グループの予定をスムーズに決めたい

グループトークで旅行や飲み会などのイベントごとが発生したときは「イベント」機能を利用しましょう。トークルームメニューにある「イベント」からイベント作成ができます。イベントに日時やイベント名を設定しましょう。イベント日時が迫ると通知するようにすることもできます。なお、作成したイベントに参加するかどうかはグループに参加しているメンバー個々が決めることができます。参加する場合は「参加」ボタンをタップしましょう。

1 メニューから「イベント」をタップ

グループトーク画面を開いて、右上のメニューボタンをタップし「イベント」をタップしましょう。

2 カレンダーから日時を選択する

カレンダー画面が表示されます。イベントの日時を選択して、右下の追加ボタンをタップします。

3 イベントの詳細を決定する

イベント作成画面が表示されます。イベント名、日付、参加確認をするかどうか、通知時期の設定を行いましょう。

4 作成したイベント画面

イベントが作成されます。参加する場合は「参加」をタップすれば、下の「参加」に自分の名前が追加されます。

グループトークで特定のメンバーにメッセージを送る

　グループトーク中に特定のメンバーにだけ送信したいメッセージがあるときはメンション機能を利用しましょう。メッセージの頭に@を付けることで指定したメンバーにだけ通知されるメッセージを送信できます。

メッセージ入力欄の頭に@を入力するとグループ内のメンバー名が表示されるので送信相手を選択し、メッセージを入力します。

特定のメッセージに対して返信する場合、メッセージを長押しして「リプライ」をタップしましょう。

参加したグループから抜けるには？

　グループのメンバーから退会したい場合は、退会したいグループの各トークルームのメニュー画面から退会を行いましょう。しかし、グループを退会してしまうとこれまでのトーク履歴やアルバム、ノートは閲覧できなくなってしまうので注意しましょう。

グループのトーク画面を開き右上のメニューボタンをタップします。

メニュー画面が表示されたら右上にある「退会」をタップしましょう。

グループで特定のユーザーを強制排除したい

　LINEのグループは共同運営のため管理者独自の機能がありません。そのため、参加しているメンバーであればだれでも特定のメンバーを退会させることができます。グループ内で迷惑行為を繰り返すメンバーがいる場合は、ほかのメンバーと事前に相談しながら強制退会させるのもよいでしょう。また、グループに招待してもずっと参加しておらず保留中になっているメンバーを外すこともできます。グループトーク画面上部のメンバーエリアから対処することができます。

1 メンバーエリアをタップ

グループトーク画面上部の参加メンバー横の「＞」をタップします。

2 「編集」をタップ

メンバー一覧画面が表示されます。右上の「編集」をタップします。

3 「-」をタップする

メンバーの名前の横に「-」ボタンが表示されます。退会させたいメンバーの「-」ボタンをタップします。

4 「削除」をタップする

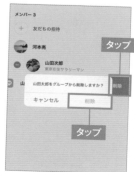

「削除」ボタンが表示されるのでタップします。削除確認画面が表示されます。「削除」をタップしましょう。

複数の友だちと同時に通話したい

複数の友だちと同時に通話することもできます。通常の通話方法と異なり、複数人トーク画面、もしくはグループトーク画面の上に表示される電話アイコンをタップします。参加しているメンバーのトークルームに「グループ音声通話が開始されました」というメッセージが表示され「参加」ボタンをタップすることでグループ通話が行なえます。最大200人まで参加できます。また、グループ音声通話を終了しても、参加しているメンバー同士間で通話を続けることができます。

1 グループトーク画面を開く

複数人トーク、もしくはグループトーク画面を開きます。右上の電話アイコンをタップして「音声通話」をタップします。

2 音声通話がはじまる

音声通話画面に切り替わり、相手に音声通話の通知が行きます。しばらく待ちましょう。

3 参加をタップする

コールされたメンバーにはトークルーム上部に「グループ通話を開始しました」というメッセージが表示されます。参加する場合は「参加」をタップしましょう。

4 相手のLINEの画面はこうなる

「参加」したメンバーのアイコンが通話画面に表示されるようになります。

LINEで無料通話をしてみよう

LINEでは友だち同士でインターネットを使って音声通話することができます。キャリア通話と異なり料金は一切かかりません。毎日友だちや家族と長電話する人におすすめのサービスです。ただし、通信料(モバイルデータ)はかかるのでWi-Fiをうまく利用するよう注意しましょう。なお、メッセージと異なり通話は互いに友だちリストに登録していないと利用できません。

1 相手の音声通話部分をタップ

友だちリストから通話を行う相手をタップしてプロフィール画面で「音声通話」をタップしましょう。

2 音声通話をしている状態

相手が通話に出ると名前の下に通話時間が表示されます。通話を終了する場合は赤いボタンをタップしましょう。

3 相手からの電話に応答する

相手から通話がかかってくることもあります。通話に出る場合は「応答」をタップしましょう。

通話に出られない場合はメッセージを送信することもできるよ!

LINE

パソコンでもLINEを使うことができる！

LINEはスマホやタブレットだけでなくパソコン用のアプリも配布されており、インストールすればパソコンからLINEを利用することができます。パソコンの前にずっといる環境の場合は、パソコンのキーボードを使ったほうが集中力が途切れずスムーズにメッセージのやり取りができるでしょう。もともとスマホの文字入力が

苦手な人にもおすすめです。長文でも効率よくキーボードで入力できます。通常ほかのスマホ端末でログインすると元の端末では自動でログアウトされてしまいますが、パソコン版LINEは、普段使用しているスマホ版LINEと同期して利用することができます。ほかにもパソコン上にある最大1GBまでのオフィスファイルや

PDFをまとめて送信したり、年齢認証なしでID検索できるなど便利な機能が満載です。

パソコン版LINEを利用するには、LINEの公式サイトにアクセスしましょう。Windows版とMac版アプリのほか、Chromeブラウザ用の拡張アプリが用意されています。自分の環境に応じたバージョンをダウンロードしましょう。

---

1 LINEアプリをダウンロードする

ブラウザでLINEの公式サイトにアクセスして、対象のOSのプログラムをダウンロードしましょう。

2 LINEを起動する

LNIEを起動するとログイン画面が表示されます。「スマートフォンを使ってログイン」をクリックし、電話番号を入力します。

3 コード番号をメモする

715456

認証コード番号が表示されるので、この番号をメモします。

4 スマホ版LINEの設定

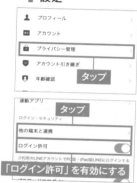

スマホ版LINEの設定画面から「プライバシー管理」を開き、「ログイン許可」を有効にして「他の端末と連携」をタップします。

---

5 メモしたコードを入力する

デスクトップに表示された6桁の認証番号を入力しましょう。

6 「ログイン」をタップ

「他の端末でログインしますか？」という確認画面が表示されます。「ログイン」をタップしましょう。

7 パソコンでLINEが使える

デスクトップのLINEでログインが行われトークリストが表示されます。

パソコン版は複数のトーク画面を同時に表示できる

パソコン版LINEでは各トーク画面をアプリ外にドラッグ＆ドロップすると、独立させることができます。複数のトークウインドウを同時に閲覧できて便利です。

トークをアプリ外にドラッグ＆ドロップしましょう。

メールアドレスとパスワードでログインする

パソコン版 LINE では電話番号のほかに LINE に登録しているメールアドレスや QR コードを使ってログインすることもできます。電話番号以外で LINE のアカウントを取得した人はこち

らを利用しましょう。ログイン画面で登録しているメールアドレスとパスワードを入力しましょう。デスクトップに表示される認証コードをスマホ版 LINE に入力すれば、ログインできます。QR コ

ードでログインする場合は、デスクトップに表示されている QR コードを LINE 内のカメラで読み取りましょう。

1 メールアドレスでログインする

クリック

メールアドレスとパスワードを入力する

パソコン版 LINE のログイン画面で「メールアドレスでログイン」をクリックし、メールアドレスとパスワードを入力します。

2 認証コードを入力する

次のコードをスマートフォン版LINEに入力してください。

3438

残り時間 02:55

本人確認

入力する

認証番号を入力して下さい。

デスクトップに認証コードが表示されます。スマホ版 LINE を起動して認証コードを入力しましょう。

3 QR コードでログインする

タップ

読み取る

QRコードログイン

スマホ版 LINE の友だち追加画面を開き「QR コード」をタップします。カメラが起動したらログイン画面の QR コードを読み取ります。

4 「ログイン」をタップ

ログインしますか？

ログイン

タップ

ログイン確認画面が表示されます。「ログイン」をタップするとログインできます。

公式アカウントってどういうもの？

LINE では友だちのほかに企業や有名人、お店などの公式アカウントが存在します。友だちに追加することで最新情報やお得な限定クーポン、限定

スタンプを入手することができます。公式アカウントを追加するには、ホーム画面にある「サービス」から「公式アカウント」をタップします。キーワードで

自分で検索できるほか、人気の公式アカウントをカテゴリ別に一覧表示してくれます。

1 公式アカウントメニューを開く

タップ

ホーム画面を開き、「サービス」下の「公式アカウント」をタップします。

2 公式アカウントを追加する

「追加」をタップ

追加したいアカウントを検索してプロフィール画面を表示させます。「追加」をタップしましょう。

3 トークルームで情報を受信する

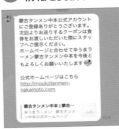

友だちリストに公式アカウントが追加されます。あとは定期的に発信されるメッセージで最新の情報を受け取りましょう

クーポン配信アカウントを探す

お得なクーポンを配布している公式アカウントを効率的に探すなら、公式アカウントメニューの「クーポン」タブを開きましょう。今すぐ使えるものだけが表示されます。

クーポンだけ取得することも可能ですが、使用するには友だちに追加する必要がある場合があります。

LINE

ホーム画面のプロフィールを わかりやすいものにする

名前、写真、背景、現在の状態を相手に分かりやすく伝える

ホーム画面にある自分のアカウント名をタップして表示されるプロフィール画面は、友だちだけでなく友だち以外からも閲覧できます。たとえば、ID・電話番号検索などの検索結果画面でも設定している写真や背景のカバーが表示されます（タイムラインへの投稿内容は友だちしか閲覧できません）。そのため、プロフィール画面に設定する名前、写真、

背景などは、できるだけ相手から見てわかりやすいものにしておく必要があります。

プロフィールをカスタマイズするには、ホーム画面一番上にある自分の名前をタップして、表示されるプロフィール画面から「設定ボタン」をタップしましょう。アイコン、カバー、ステータスメッセージ、視聴中のBGMなどの情報を変更できます。

プロフィールを設定しよう

1 プロフィール画面を表示する

ホーム画面を開き一番上にある自分の名前をタップします。続いて「プロフィール」をタップしましょう。

アイコンとカバーの変更

端末内に保存している写真を選択してアイコンやカバーに設定できます。

名前の変更

プロフィールに表示される名前を設定しましょう。相手側の端末でも標準で表示される名前になります。

2 プロフィール画面をカスタマイズしよう

各カメラアイコンをタップすると写真選択画面が表示されます。端末内に保存している写真を選択してアイコンやカバーに設定できます。

BGM

LINE MUSIC から好きな音楽を選択するとその楽曲名がプロフィールに表示されます。アイコン、カバーとあわせて自分のイメージにあうBGMを指定しましょう。

ステータスメッセージ

現在の自分の状態を入力しましょう。やり取りしたくない場合は「取り込み中」や「仕事中」などを記入しておくといいでしょう。

着信音／呼び出し音を変更する

LINEでかかってきた通話の着信音はほかに用意されているものに変更することができます。LINE設定画面の「通話」をタップし「着信音」からほかに用意されているものにチェックを付けましょう。LINE MUSICを利用すれば、自分の好きな音楽を設定することもできます。

また「呼出音」では、自分に対して電話をかけてきた友だちに聞こえる呼出音を設定できます。自分で聞く着信音とは異なります。

1 設定画面から「通話」を選択する

ホーム画面からLINEの設定画面を開き「通話」をタップします。

2 「着信音」をタップ

通話画面に切り替わったら下へスクロールして「着信音」をタップします。

3 チェックを付ける

着信音設定画面が表示されます。標準では木琴が設定されています。ほかの音声にチェックを入れましょう。

4 好きな着信音を設定する

着信音設定画面で「LINE MUSICで着信音を作成」をタップするとLINE MUSIC上にある音楽を設定することができます。

タイムラインには何を投稿すればいい？

LINEには「タイムライン」という機能があります。TwitterやFacebookとよく似た機能で、投稿した内容は公開設定で有効にしているユーザーならだれでも閲覧できます。標準では友だちに登録していない他人でも閲覧できます。不特定多数の人に発信したいときに利用しましょう。また、タイムラインでは友だちが投稿した内容も表示されます。投稿した内容に対していいね!をつけたりコメントをつけることができます。

1 タイムラインを開きます

下部メニューから「タイムライン」をタップします。「＋」をタップします。

2 「投稿」をタップ

いくつかメニューが表示されますがテキストや写真などを一緒に投稿するなら「投稿」をタップします。

3 テキストや写真を入力する

投稿画面が表示されるのでテキストを入力しましょう。下部メニューから写真やスタンプを添付することもできます。

4 タイムラインに投稿する

投稿画面右上にある「投稿」をタップすると内容が投稿されます。

友だちの投稿にコメントしたい

タイムラインには自分の投稿だけでなく、友だちの投稿も流れます。気になる投稿があったらコメントしてみましょう。投稿記事の下にあるフキダシアイコンをタップしてテキストを入力しましょう。

コメントを付けるほどでもなく好意的なことを示したい場合は「いいね」を付けることもできます。いいねは6種類の表情のスタンプから選べます。

1 コメントを付ける

コメントを付けたい投稿の下にあるコメントアイコンをタップします。

2 テキストを入力する

テキスト入力フォームが表示されるのでコメントを入力して送信ボタンをタップしましょう。

3 いいねをつける

いいねを付ける場合は、コメント下左端にある顔アイコンをタップしましょう。

4 いいねの種類を変更する

いいねの種類を変更する場合は、長押ししましょう。6種類のスタンプから選ぶことができます。

タイムラインの公開設定を限定する

タイムラインに投稿した内容は標準では登録している友だちすべてに公開されます。特定の友人のみタイムラインの投稿を公開したい場合は、LINEの設定画面の「タイムライン」を開き友だちの公開設定で公開範囲を指定しましょう。

LINEのホーム画面から設定画面を開き「タイムライン」→「友だちの公開設定」をタップします。

タイムラインを公開設定する人は「公開」へ、非公開にする人は「非公開」に指定しましょう。

親しい人にだけ近況を伝えたい

タイムラインの中でも特定のメンバーだけに投稿したい内容がある場合は「リスト」を利用しましょう。リストは特定の友だちやグループをひとまとめにして公開範囲を設定できる機能です。サークル名や家族用などのリストを作っておくといいでしょう。

タイムラインの投稿画面を開き、公開範囲をタップします。「親しい友だちリストを作成」をタップします。

リストに追加したい友だちやグループを選択して保存します。再び公開範囲を開くとリストが追加されるのでチェックを入れましょう。

LINE

ストーリーで現在の状況を表現しよう

画像と現在の状況を豊かに伝える

　LINEのタイムライン画面上部には「ストーリー」という機能があります。ストーリーはテキストではなく、おもに写真や動画を使って現在状況を相手に伝えるための機能です。ストーリーをタップすると、そのユーザーがアップした写真やショートムービーが順番に再生されます。インスタグラムの「ストーリーズ」と似た機能です。

　ストーリーは自分で投稿することもできます。画面左上の「＋ストーリー」ボタンをタップしましょう。ストーリー作成画面が表示されるので、投稿した写真、動画などを撮影または添付しましょう。写真にテキストやスタンプを挿入すれば、より伝わりやすくなります。

ストーリーを作成して投稿しよう

1 ストーリーを作成する

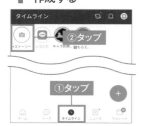

ストーリーを作成するなら下部メニューから「タイムライン」を選択して、左上の「＋ストーリー」をタップしましょう。

2 投稿する内容を選択する

画面下部から投稿する内容を選択します。テキストを入力する場合は「テキスト」をタップして画面中央をタップします。

3 フォントサイズやカラーを選択する

左下のカラーボタンをタップするたびに背景カラーを変更できます。左側のスライドバーでテキストサイズを調整できます。

4 フォントサイズやカラーを選択する

写真撮影して投稿する際は、右上のツールバーを使って写真にさまざまなレタッチをかけることができます。

5 友だちのストーリーを見る

ほかのユーザーが投稿したストーリーを閲覧する場合は、タイムライン上部に表示されているユーザーアイコンをタップしましょう。

6 メッセージを送信する

ストーリーが再生されます。下のメッセージ入力欄でメッセージを送信したり、いいねを付けることができます。

再生を一時停止したい場合は画面を長押ししよう

7 公開範囲を指定する

投稿する際画面下の「友だちまで公開」をタップすると、ストーリーの公開範囲を指定することができます。

LINE

知らない人にID検索されないようにするには

LINE上のユーザーを検索できるIDは便利ですが、IDを公表していると知らない人に検索され、友だち追加されて迷惑なメッセージが送られてくることがあります。ID検索による友だち追加をブロックするには設定画面で「IDによる友だち追加を許可」をオフにしましょう。これでID検索結果画面に自分のアカウントが表示される心配はありません。友だちにIDを教えたいときだけ一時的に有効にしましょう。

1 「プライバシー管理」をタップ

ホーム画面から設定画面を開き、「プライバシー管理」をタップします。

2 IDよる追加をオフにする

「IDによる友だち追加を許可」をオフにしましょう。

3 「プロフィール」画面からオフにする

「プロフィール」画面からも「IDによる友だち追加を許可」をオフにできます。

IDを変更することはできない?

LINEのIDは一度設定すると変更することができません。ID検索は許可したいものの本名をIDにしてしまっているなど現状のIDに不満がある場合は、一度LINEのアカウントを削除して新規登録するという方法もあります。もちろん、その場合はこれまでのトーク履歴や友だちリストも削除されてしまうので注意しましょう。

電話番号を検索して友だち追加されないようにする

スマホのアドレス帳に登録していない知らない人でも、LINEでは相手が自分の電話番号を知っていれば電話番号で検索して友だちにリストに追加することができます。そのため、IDを非公開にしても知らない人からメッセージが届くことがあります。電話番号から友だちを追加されないようにするには「友だちへの追加を許可」をオフにしましょう。

1 電話番号による検索

LINEの友だち追加画面で「検索」をタップするとIDのほかに電話番号を入力して友だちを検索することもできます。

2 「友だち」をタップ

ホーム画面から設定画面を開き「友だち」をタップします。

3 友だちへの追加を許可をオフにする

「友だちへの追加を許可」をオフにしましょう。これで見知らぬ人に電話番号検索されても検索結果に表示されません。

同じアカウントで電話番号を変更は?

LINEのトーク履歴や友だちリストを残したまま電話番号だけ変更したいことがあります。もし、新しい電話番号を所有しているなら番号を変えてしまうのもいいでしょう。

設定画面から「アカウント」→「電話番号」→「次へ」と進み新しい電話番号を登録しましょう。

知らない人から メッセージが届か ないようにするには

知り合いではあるものの友だちリストに登録していない人からメッセージが送られることもあります。メッセージを届かないようにしたい場合は「メッセージ受信拒否」機能を有効にしてみましょう。自分が知っている相手でも、自分が友だちに追加しないかぎりメッセージは届きません。

ホーム画面から設定画面を開き「プライバシー管理」をタップします。

「メッセージ受信拒否」を有効にしましょう。これで自分が登録している友だち以外からのメッセージは届かなくなります。

ニュースタブを 電話タブに 変える

LINE下部にある「ニュース」タブは、設定画面から「通話」タブに変更することができます。通話機能を利用する機会が多い人は変更するといいでしょう。LINEの通話の履歴を一覧表示させることができ、また、ここからかけなおしもスムーズに行えます。

LINEの設定画面を開き「通話」をタップし、「通話／ニュースタブ表示」を選択します。

「通話」にチェックを変更しましょう。するとLINE下部メニューの「ニュース」が「通話」に変更します。

すでに友だちに なった人を 通報するには?

SNS経由で友だちになったメンバーが詐欺や違法行為をLINEで行うユーザーであることがあります。このようなユーザーは運営に通報しましょう。対象ユーザーのトークルームのメニュー画面で「通報」をタップすれば通報できます。

トークルームでメニューを開き「その他」をタップします。続いて「通報」をタップします。

通報理由にチェックを入れて「同意して送信」をタップしましょう。

パソコンからの ログインを 制限したい

LINEを使っていると一度は遭遇する、PCからのアカウント乗っ取り注意の通知メッセージ。このようなPCからの不正アクセスを防ぐためにはほかの端末からのログインを制限しておきましょう。パスワードの変更もあわせておきましょう。

ホーム画面から設定画面を開き「アカウント」をタップし、「ログイン許可」をオフにしましょう。

ログインパスワードの変更は同じ「アカウント」の「パスワード」から変更できます。

LINE

アカウント乗っ取りを防ぐためにセキュリティを高める

LINEを利用しているとときどき不正アクセスを試みるメッセージが届いたりします。実際に数年前までLINEの不正アクセスの多くが社会問題に発展もしました。現在はセキュリティも強化されましたが、セキュリティに不安がある人は最低限のセキュリティ対策はしておきましょう。まず、LINEのパスワードは定期的に変更するよう心がけましょう。設定画面の「プライバシー管理」でもさまざまなセキュリティ設定が行なえます。

1 設定画面から「アカウント」を開く

LINEの設定画面の「アカウント」を開きます。パスワードを変更するには「パスワード」をタップします。

2 パスワードを変更する

パスワード変更画面が表示されます。新しいパスワードを2回入力して、新しいものに変更しましょう。

3 パスコードを設定する

設定画面の「プライバシー管理」画面でパスコードの設定ができます。設定するとLINEアプリ起動時にパスコードを入力しないと開けなくなります。

4 その他のプライバシー管理

プライバシー管理画面ではほかにもセキュリティに関するさまざまな設定が行なえます。内容を確認して有効・無効を決めましょう。

アカウントのパスワードを忘れてしまったら

機種変更時には以前の端末で使用していたパスワードを入力する必要があります。もしパスワード忘れてしまった場合は、LINEの設定画面から「アカウント」→「パスワード」へと進みパスワードを再設定しましょう。通常パスワードを変更するには現在のパスワードを入力する必要がありますが、LINEのパスワード変更では現在のパスワードを入力する必要がありません。アプリ起動時のパスワードを忘れた場合はメールアドレスを入力して再設定することもできます。

1 設定画面から「アカウント」を開く

LINEの設定画面の「アカウント」を開きます。パスワードを変更するには「パスワード」をタップします。

2 パスワードを変更する

パスワード変更画面が表示されます。新しいパスワードを2回入力して、新しいものに変更しましょう。

3 ログインパスワードを忘れたとき

LINEを再インストールして起動するとパスワードを求められます。忘れた場合は「→」をタップします。

4 メールアドレスを入力する

LINEに登録しているメールアドレスを登録しましょう。メール経由でパスワードの再設定ができます。

LINEのアカウントを削除して退会するには

LINEをしていて不審なユーザーから頻繁にメッセージが送られてきたり、つながっていた友だちを一度リセットしてしまいたいなら、アカウントを削除して退会しましょう。退会した場合、友だちのLINE上の名前には「メンバーがいません」と表示されるようになります。

注意点として、退会するとこれまでのトークや通話も閲覧できなくなってしまい、さらにはこれまで購入した有料スタンプや着せかえの購入データが削除されてしまいます。LINE Pay口座にチャージされている金額やポイントも使えなくなるので、残っている残高は事前にコンビニなどで使い切りましょう。

退会後、再度新しいLINEのアカウントを作成することはできます。15ページに戻って電話番号を再度登録して、名前などの個人情報を入力するといいでしょう。

1 「ホーム」画面から「設定」画面を開く

LINEのアカウントを削除するには、まずメニューの「ホーム」を開き、右上の設定ボタンをタップします。

2 「アカウント」画面へ移動する

設定画面から「アカウント」を選択します。アカウント画面が開いたら下へスクロールして「アカウント削除」をタップします。

3 「アカウント」を削除する

「アカウントを削除」という画面が表示されます。「次へ」をタップします。この段階ではまだ削除されません。

4 削除内容を確認して同意する

購入したアイテムや連動したアプリを削除する注意書きが表示されます。理解したらチェックを付けていきましょう。

アカウントを削除せずアプリだけ削除も?

アカウントを削除してしまうと今まで購入したスタンプやアイテムもすべて消えてしまいます。一時的に停止したいだけなら、アカウントは削除せず、アプリを端末から削除しましょう。アプリを削除するだけなら友だち情報や購入したアイテムはLINE上に残ったままになり、LINEアプリを再インストールし、ログインすることで以前と同じ状態で利用できるようになります。

5 「アカウントを削除」をタップする

下へスクロールして「アカウントを削除」をタップします。

6 「削除」をタップして削除する

「削除しますか?」と確認画面が表示されます。「削除」をタップするとLINEのアカウントが完全に削除されます。

退会すると購入したスタンプもLINEペイの残高も使えなくなるので注意!

Faceboo

フェイスブック

「Facebook」は、友達と自由に交流できるSNSです。「暑いですね!」といった一言の投稿から、たくさんの写真も交えたブログのような長文まで、自由に投稿できるのがTwitterと違ったところでしょう。またほかの人の投稿に「いいね!」をつけられるのはもちろんですが、「凄いね」「悲しいね」などの多彩なりアクションをつけることも可能です。さらに、グループを作ったり、イベントを企画したりと遊びにはもちろん、仕事にも活用できるとても高機能なSNSといっていいでしょう。

> またタグ付けされて画像を掲載されちゃった……載せるなら痩せてるときの写真にしてよ!

> 昔の友達との交流が増えて僕はとっても楽しいよ!

Facebookの画面はこんな感じ!

友達リストは非公開にしておいた方がなにかと安全よ!

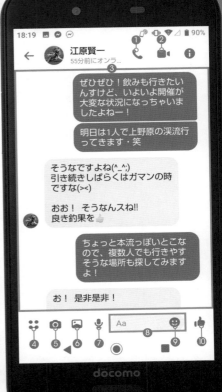

LINEやTwitterより、なんか落ち着く感じのSNSだよね。

タイムライン画面

① 検索……友だちの名前やキーワードで検索できます。

② メッセンジャー……メッセンジャーアプリに表示を変更します。

③ ホーム……自分や友達、いいね!したメディアなどの投稿を表示します。

④ 友達……友達や知り合いかもしれないユーザーなどを表示します。

⑤ グループ……グループ関連の画面に移動します。自分の所属しているグループや、ほかのグループの検索などができます。

⑥ ウォッチ……さまざまな動画を楽しむことができます。

⑦ 通知……自分の投稿へのリアクションやお知らせがあったときに表示されます。

⑧ その他メニュー……プロフィールの変更やそのほかの詳細な設定が行えます

⑨ 投稿……自分の投稿や友達、ニュースメディアなどの投稿が表示されます。「いいね!」やコメントをつけられます。

メッセンジャー画面

① 音声通話……音声通話が始められます。

② ビデオ通話……ビデオ通話が始められます。

③ チャット……チャットが表示される部分です。

④ その他……位置情報やリマインダーなどを設定できます。

⑤ カメラ……その場でカメラを起動させ、撮影ができます。

⑥ 写真……写真をチャットに挿入できます。

⑦ 音声入力……音声クリップをチャットに添付できます。

⑧ テキスト入力スペース……メッセージを入力します。

⑨ スタンプ……ここからスタンプを選び、送信できます。

⑩ 親指マーク……「了解!」や「オッケー!」的な意味で送信されます。

友達と一対一でやり取りしたい	75ページ
悪質なユーザーをブロックする	82ページ
グループで話をしたい	78ページ
ブロックされるとどうなるの?	84ページ
パスワードを変更する	81ページ
通知を受け取りたくない	83ページ

Facebook

Facebookで できることを確認しよう

実名で友だちと繋がりつつ見知らぬ人と知り合えます

Facebookは世界で最も多くのユーザーが利用しているソーシャルネットワークです。実名での登録が原則で、また多くは実名や学歴、職歴がプロフィールに表示されます。そのため、これまで通っていた会社や学校などで直接面識のある知人とインターネット上で交流する際に利用されやすいサービスです。もちろん見知らぬ人とも交流できます。

FacebookはLINEの1対1のコミュニケーションよりも、つながっている友だちみんなと交流するための機能が充実しています。自身の近況を文章や写真にして投稿してみましょう。つながっているユーザー全員が閲覧し、内容によって「いいね」やコメントなどさまざまなリアクションがもらえます。また、別アプリの「メッセンジャー」アプリを使えばLINEのように1対1の密室的なメッセージのやり取りや無料の音声通話やビデオ通話もできます。

Facebookの特徴を知ろう

1 実名登録と経歴の公開が基本

実名登録はもちろんのこと、ほかのSNSよりも登録時に出身地、学歴、職業、性別、家族構成など個人情報を細かく登録し、公開することが望まれます（非公開可能）。

2 多くのユーザーにメッセージを発信

ブログのように複数のユーザーが閲覧する内容を投稿し、その内容に対していいねを付けたりコメントを付けるなどのリアクションをとれます。

3 1対1でのやりとり

メッセージや音声通話で1対1のやり取りもできます。通常の投稿と異なり外部に公開されません。

4 グループ作成

特定の友だちと承認制のグループを作成できます。学校のサークルや仕事のプロジェクトで共同するときに便利です。

5 動画や写真で自分の日常を配信

ストーリーズはアップロードした動画や写真が24時間で自動消滅する機能で、現在の状況をビジュアルで伝えるのに向いています。

学歴や仕事、家族でつながっているユーザーが多いせいか年齢層は少し高め!

Facebook

アカウントを作成してFacebookをはじめよう

電話番号、メールアドレスを使ってアカウントを作成する

FacebookはPCでもスマホでも登録ができます。ここではスマホでの登録方法を解説します。スマホでFacebookを利用するにはアプリをインストールする必要があります。iPhoneならApp Store、AndroidならPlayストアでFacebookを検索してダウンロードしましょう。パソコンからアカウントを作成することもできます。

ホーム画面からアプリを起動したらアカウント作成画面が表示されます。表示画面に従って進めていけば登録は完了です。FacebookはLINEのように電話番号がなくても、Gmailなどのメールアドレスだけで簡単にアカウントを取得できます。登録後は、電話番号登録の場合はSMSで、メールアドレス登録の場合はメールアドレスに本人確認のメッセージが送られてくるので認証を行いましょう。本人確認ができればアカウント作成は完了です。

Facebookのアカウントを取得しよう

1 アプリをダウンロードする

iPhoneの場合はApp Store、Androidの場合はPlayストアからFacebookアプリをダウンロードしましょう。

2 Facebookアプリを起動する

Facebookアプリを起動します。新規アカウントを作成するには「登録」をタップし、続いて本名を入力しましょう。

3 個人情報を入力する

続いて生年月日や性別を入力しましょう。Facebookではできるだけ正しい個人情報を入力したほうがいいでしょう。

4 電話番号かメールアドレスを入力する

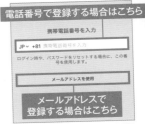

本人確認を行います。SMSが受信できる電話番号、もしくはメールアドレスのどちらかを選択しましょう。

5 アカウントを認証する

メールアドレスで登録した場合、指定したメールアドレスに確認メールが送信されるので「アカウントを認証」をタップしましょう。

6 ログインパスワードの設定

続いてログインパスワードの設定をします。ログイン時はアカウント名と一緒にここで設定するパスワードを入力します。

7 アカウント登録完了

アカウント登録はこれで完了です。登録時はプロフィール写真の追加などさまざまな設定画面が表示されますが「スキップ」して後ででも設定できます。

アカウントを複数使い分けることもOK

1台1アカウントのLINEと異なり、Facebookは1台のスマホで複数のFacebookアカウントの取得、利用ができます。また、アプリ上で取得した複数のアカウントを簡単に切り替えられます。仕事用とプライベート用など複数のアカウントを取得するのもよいでしょう。

Facebook

アイコン背後のカバー写真を設定しよう

Facebookに登録したらカバー写真を設定しましょう。カバー写真とはプロフィール写真の背後に設置される写真です。自分のプロフィールを開くと大きく表示されるので、自分の趣味や特徴をよく表した写真を設定しましょう。

スマホ端末に保存している写真のほかFacebook上にすでに投稿した写真から選択して設定することができます。複数枚の写真をコラージュした写真を設定することもできます。

1 左上のプロフィールアイコンをタップ

カバー写真を設定するには左上にあるプロフィールアイコンをタップします。

2 端末から写真を選択する

プロフィール画面が表示されます。「プロフィールを編集」をタップし、編集したい箇所を選択しましょう。

3 写真の位置を調整する

ドラッグして位置を調整する

写真を選択するとこのようにカバーに設定されます。指でドラッグして写真の位置を調整できます。

用意されている カバーを利用する

手持ちの写真に良い写真がない場合は、用意されているカバー写真を利用しましょう。「+カバー写真」ボタンをタップ後に表示されるメニューで「アートワークを選択」をタップすれば設定できます。

Facebookが用意しているものなので利用しても著作権侵害に相当することはありません。

好みのプロフィール写真を設定しよう

プロフィール画像は標準では白いシンプルな人形の画像が設定されていますが、カバー写真同様に自分を表す写真に変更することができます。カバー写真の変更と同様の手順でプロフィール画面から写真をアップロードしましょう。なお、プロフィール写真にはトリミングやフィルタ、テキスト、スタンプなどさまざまレタッチをかけることができます。最新バージョンではアイコンにフレームを設置したり、有効期限を設定したりすることもできます。

1 プロフィールアイコンをタップ

写真を変更するには左上にあるプロフィールアイコンをタップします。

2 カメラアイコンをタップ

タップして写真を選択する

プロフィール画面を開き、プロフィール画像右下のカメラアイコンをタップして、プロフィールに使う写真を選択しましょう。

3 写真をレタッチしよう

レタッチツールを選択する

写真設定後に表示される「編集」ボタンをタップすると写真のレタッチができます。

フレームで 装飾する

プロフィール画像の編集にはレタッチを行う「編集」のほかに「フレーム」が用意されています。フレームを使えばプロのデザイナーが作成した特殊効果を簡単に写真に適用できます。

プロフィール写真設定画面で「フレーム」を選択しましょう。

友だちを探して申請してみよう

Facebookで知り合いや友人とメッセージのやり取りをするには、相手のアカウントに友達申請をして承諾される必要があります。まずは目的の相手を検索しましょう。右上の検索ボタンをタップし、検索ボックスに名前を入力すれば、検索結果が表示されます。該当のユーザーがいれば選択してプロフィールの履歴（学歴、在住地、出身地）の詳細を確認しましょう。問題なければ友達申請しましょう。相手が承認すれば友だちリストに追加され、メッセージのやり取りや、相手がフィードに投稿した内容を閲覧することができます。

Facebookユーザーの中には、友だち申請ボタンがなく、代わりに「フォロー」というボタンだけがあることもあります。フォローとは相互承認がなくても相手のフィード上の内容が閲覧できるしくみです。知り合いではないものの投稿内容に興味がある場合は「フォロー」を選択するといいでしょう。

1 検索ボタンをタップ

友だちを検索するには右上の検索ボタンをタップします。

2 名前を入力する

検索フォームに名前を入力しましょう。検索結果にユーザー名が表示されるので、該当すると思われるユーザーを選択しましょう。

3 友達申請をする

名前の下にある「友達になる」をタップしましょう。相手に申請メッセージが送信されます。

4 友だちリストで確認

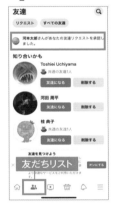

下部メニューの友だちリストを開きます。相手が友達リクエストに承認すれば友だちリストに追加されます。

メッセージを一緒に送ろう

友達申請する際に申請ボタンを押すだけでなく、ボタン下にあるメッセージから一言メッセージを入れましょう。このメッセージの有無で判断されることもあります。

一言何か挨拶文をそえましょう。

5 タイムラインを閲覧できる

友達承認されると、友だち限定で公開しているタイムラインの内容が閲覧できるようになります。

6 申請を拒否されたら？

Facebookでは申請拒否したときに「拒否された」などの通知はありません。拒否された場合は、写真のように友達申請ボタンが「リクエストを取り消す」のままになっています。

申請拒否されたと思った場合はリクエストを取り消してメッセージを一度送ってみるのもいいかもね！

Facebook

新しい友だちを効率よく探す方法は？

メニューの友だちリストを開くと、追加した友だちのほかに「知り合いかも」という欄があり、そこに見覚えのある人の名前が表示されます。知っている人なら友達申請してみましょう。また友だちリストの検索フォームに自分が住んでいる地域名やサークル名、趣味などを入力してみましょう。このキーワードに合致するユーザーが一覧表示されます。また、フィルタが用意されており、市区町村、学歴、職歴などでフィルタリング表示させることができます。

1 「知り合いかも」から探す

下部メニューから友だちリストを開きます。「知り合いかも」に表示されるユーザーから友だちを探しましょう。

2 地域名やサークル名で探す

検索フォームに地域名やサークル名を入力してみましょう。キーワードに合致するユーザーが表示されます。

3 フィルタで絞り込む

検索ボックス下にあるフィルタを使って検索結果を絞り込むことができます。

グループやページを検索するには？

Facebookのグループやページを検索する場合は、メニュー画面からグループタブを開いてキーワードを入力しましょう。

友達リクエストが来たら対応しよう

Facebookをしていると友だちリクエストが来ることがあります。もし、知り合いなら「承認」ボタンをタップしましょう。友だちリストに追加され、相手はあなたが友だちに公開している投稿を閲覧できるようになります。しかし、知らない人の場合は「承認」ボタンを押さず「削除」を考慮しましょう。決めかねているならリクエスト申請状態のままでもよいでしょう。なお、「削除」すると相手から友だち申請できなくなる点に注意しましょう。

1 友達リクエストを確認

友達申請されると友だちリストの「友達リクエスト」に相手の名前が表示されます。友だちなら「承認」をタップしましょう。

2 友だちリストに追加

友だちリストに相手が追加されます。「削除」をタップした場合は追加されません。

3 友だちにしないなら「削除」

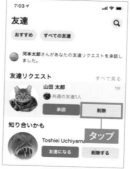

友だちでない人の場合は手順1で「削除」をタップ、または何も押さないでおきましょう。

4 「削除」選択後は自分から申請する

友達申請を削除してしまうと、以後相手から申請できなくなります。知り合いだとわかって友だちリストに加えたい場合はこちらから申請しましょう。

友だちリストを非公開にするには?

Facebookの標準設定では自分の友だちリストが友だちでない外部の人でも自由に閲覧できる状態になっています。プライバシー的な点から友だちリストを外部の人に見られたくない場合は公開設定を変更しましょう。設定画面の「プライバシーセンター」画面から友だちリストの公開範囲を変更できます。

設定画面に入り「プライバシーセンター」を選択します。「その他のプライバシー設定」から「フォローしている人物〜」をタップします。

標準では「公開」にチェックが入っているので公開設定を変更しましょう。

連絡先をアップロードして友だちを探す

Facebookで効率的に友だちを探すにはスマホの「連絡先」アプリに保存しているデータをアップロードしましょう。連絡先として登録している人に友だちを一覧表示したり、招待メッセージを簡単に送信できます。逆に知られたくない場合はオフにしましょう。

Facebookの設定画面から「設定」→「連絡先をアップロード」をタップします。

「連絡先をアップロード」を有効にしましょう。スマホに保存している連絡先から友だちを探して表示してくれます。

誤って申請した友だちリクエストを取り消すには?

誤って知らない人に友だち申請をしてしまったら、早めにキャンセルした方がいいでしょう。相手から申請を拒否されると、こちらから友だちの申請ができなくなります。「友だちになる」をタップして変化した「リクエストを取り消す」をタップしましょう。

「友だちになる」ボタンをタップするとボタンが変化します。キャンセルするには「リクエストを取り消す」をタップします。

友達リクエストをキャンセルしますかと表示されるので「リクエストをキャンセル」をタップしましょう。

誤って友だちになった人を削除するには

知らない人を誤って友達にしてしまった場合は「ブロック」するのではなく「友達を削除」を選択しましょう。友だちではなくなりますが、相手は自分の全員公開の投稿を閲覧したり、メッセージのやり取りもできます。

友達リストを開き、友達を削除したいユーザーの横の「…」をタップします。

メニューが表示されるので「○○さんを友達から削除」をタップすると、友達リストから削除できます。

Facebook

Facebook上で友だちと仲が悪くなったら

友達にはなったものの、あまり趣味が合わなかったり意見が違い過ぎたりと仲が悪くなってしまったら、あまり気を使わず「ブロック」するのもいいでしょう。相手は自分のFacebook上の投稿が一切閲覧できなくなります。ブロックするほどではなく、ほかの友達とは距離を置きたいレベルであれば友達のまま「フォローをやめる」を選択しましょう。ニュースフィードに友達の投稿が表示されなくなります。相手は全員公開の投稿しか閲覧できなくなります。

1 友達のプロフィールページを表示する

ブロックしたい相手のプロフィールページにアクセスしてメニューボタンをタップしましょう。

2 「ブロック」を選ぶ

「ブロック」をタップします。以降はFacebook上で自分の情報が相手に表示されなくなります。

3 フォローをやめる

下部メニューから「フォローをやめる」を選択すると相手の投稿がニュースフィードに表示されなくなります。

以前あった、「少し距離を置く」はなくなったので注意！

Facebookに投稿してみよう

Facebookは他人の投稿を見るだけでなく、自分でタイムラインに投稿することもできます。投稿するにはホーム画面上部の「その気持ち、シェアしよう」をタップします。投稿画面が表示されるので投稿する内容をテキストで入力しましょう。テキスト入力ボックス下部から色や模様の入った壁紙を設定することができます。最後に右上の「投稿」をタップするとタイムラインに内容が反映されます。

1 「その気持ち、シェアしよう」をタップ

投稿するにはホーム画面の「その気持ち、シェアしよう」をタップします。

2 投稿内容を入力する

投稿作成画面が表示されます。中央の白い部分をタップして投稿内容を入力します。最後に右上の「投稿」をタップします。

3 タイムラインに投稿される

投稿内容がタイムラインに反映されます。標準では友達になっている人だけが内容を閲覧できる状態になっています。

投稿内容を編集する

投稿した内容に誤りがあったり誤字脱字を直したい場合は編集機能を利用しましょう。投稿した内容の右上にある「…」をタップして「投稿を編集」から編集できます。

Facebookに写真をアップしたい

複数の写真を一度にアップロードできる

Facebookではテキストだけでなく写真を投稿することもできます。テキストに添付するだけでなく、写真だけを単独で投稿することもできます。投稿するには投稿欄の「写真・動画」をタップしましょう。スマホに保存している写真が一覧表示されるので、投稿したい写真にチェックを入れましょう。写真は複数選択してアップロードすることができます。

iPhoneやAndroidのスマホアプリから同時にアップロードできる枚数は80枚ですが、PCからも同じく80枚同時にアップロード可能です。

また、Facebookにはアップロードする写真にレタッチもできます。あらかじめ用意されているフィルタ、スタンプ、テキスト、手書き機能を使って写真を彩りましょう。

Facebookに写真をアップロードしよう

1 「写真・動画」を選択する

タップ

タップ

写真をアップするには投稿欄下の「写真・動画」もしくは、タイムラインの「写真」からアップロードできます。

2 アップロードする写真を選択する

保存先を選択する

写真を選択する

写真選択画面が表示されます。アップロードしたい写真を選択しましょう。最大80枚選択することができます。

3 写真をアップロードする

投稿するならここをタップ

アルバム先を設定する

レタッチする場合は写真をタップ

写真が選択されます。そのままアップロードする場合は右上の「投稿」ボタンをタップしましょう。この画面からレタッチやアルバムへの追加指定などもできます。

写真をレタッチする

編集

タップ

写真が拡大表示されます。レタッチしたい写真の左上にある「編集」をタップします。

レタッチ画面が表示されます。エフェクト、スタンプ、テキスト、落書きなどのツールで写真を加工しましょう。

レイアウトを変更する

他4件

レイアウトを選択

クラシック　列　バナー　フレーム

投稿画面画面左上にあるレイアウト選択をタップするとレイアウトを変更することができます。

友達だけに公開するか全体に公開するか、範囲を指定することもできるよ!

Facebook

Facebookは動画のアップロードもできる

動画のレタッチ機能が豊富!ストリーミングもできる

Facebookでは写真だけでなく動画をアップロードすることもできます。写真と同じく複数の動画をまとめてアップロードすることができます。

なにより優れているのはレタッチ機能でしょう。Facebookはアップロードする動画も写真と同じく豊富なレタッチ機能を使って加工できます。フィルタを使って簡単にアーティスティックな動画に編集

したり、テキストも手書きの文字も載せることができます。時間の長い動画から一部分だけを投稿したい場合は、範囲指定して切り出すトリミング機能も搭載しています。

また、ライブ動画というリアルタイムで動画をFacebook上で配信する機能も用意されています。

Facebookに動画をアップロードする

1 「写真・動画」をタップ

投稿作成画面で下にあるメニューから「写真・動画」をタップします。

2 アップする動画を選択する

カメラロール画面が開くので保存している動画を選択します。動画も複数選択できます。

3 動画登録画面

動画が登録されます。そのまま投稿する場合は右上の「投稿」をタップしましょう。

4 動画をレタッチする

レタッチしたい動画の左上にある「編集」をタップします。

5 エフェクトを選択する

レタッチ画面が表示されます。左下の「エフェクト」をタップするとエフェクト一覧が表示されるので利用したいレタッチを選択します。

6 範囲を指定する

レタッチメニューの「長さ調整」で動画から範囲指定した箇所を切り取ることができます。

ライブ動画を配信する

1 「ライブ動画」を選択する

ライブ動画を始めるには投稿メニューから「ライブ動画」を選択します。

2 公開設定を行う

カメラ画面が起動します。「ライブ動画を開始」をタップするとライブ配信が始まります。公開設定も設定できます。

投稿内容の公開設定を変更するには

Facebookに投稿した内容は初期設定では友達になっている人全員に公開されます。しかし、投稿内容によっては友達だけでなくウェブ全体に公開したいものや、逆に特定の友達だけに公開したいこともあります。その場合は、投稿範囲を設定しましょう。投稿画面の名前の下にある「公開設定」ボタンをタップすると公開範囲設定画面が表示されます。なお、投稿したあとでも公開設定を変更することはできます。

1 公開設定ボタンをタップ

投稿画面で名前の下にある公開設定ボタンをタップしましょう。

2 プライバシー設定を選択

公開範囲の選択ができます。特定の友達だけに公開する場合は「一部を除く友達」をタップします。

3 対象相手にチェックを付ける

投稿する内容を公開する友達にチェックを付けて「完了」をタップします。

4 「投稿」をタップする

公開設定を変更して右上の「投稿」をタップしましょう。

投稿したあとに公開設定を変更する

すでに投稿してしまった記事の公開範囲を変更することもできます。投稿した記事の右上に表示されている「…」をタップして、「プライバシー設定を編集」をタップしましょう。公開範囲設定が開くので設定を変更しましょう。

なお、これまで投稿内容を全体公開していましたがすべて非公開に変えたい場合は、設定画面の「プライバシー設定」からまとめて非公開にすることができます。

1 投稿右上の「…」をタップ

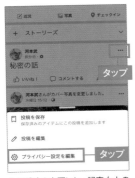

公開設定を変更したい記事右上の「…」をタップして「プライバシー設定を編集」をタップしましょう。

2 プライバシー設定を編集する

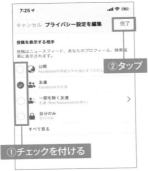

投稿を表示する相手のチェックを入れかえて、右上の「完了」をタップしましょう。公開範囲が変更されます。

3 過去の投稿の公開設定を変更する

過去の投稿の公開設定をまとめて変更する場合は「設定とプライバシー」から「投稿」を選択します。

4 過去の投稿を制限する

「過去の投稿の共有範囲を制限」をタップし、「過去の投稿を制限」をタップします。

Facebook

投稿した画像を削除するには

Facebookに投稿した写真を削除する方法は2つあります。1つは投稿記事を削除してしまう方法です。しかし、この方法は記事についた「いいね」やコメントも消えてしまいます。これらを残しておきたい場合は投稿の編集画面から写真を削除しましょう。対象の記事の編集画面を表示して写真部分をタップします。写真が一覧表示され、各写真の右上に「×」マークが付きます。これをタップすると写真を削除することができます。

1 「投稿を編集」をタップ

編集したい記事を表示し右上の「…」をタップして「投稿を編集」をタップします。

2 写真をタップする

投稿編集画面が表示されます。添付されている写真部分をタップします。

3 「×」をタップする

添付している写真が一覧表示されます。写真右上の「×」マークをタップすると写真が消えます。編集を終えたら「完了」をタップします。

4 「保存する」をタップする

元の投稿編集画面に戻ったら「保存する」をタップしましょう。編集の完了です。

ほかの友だちの投稿をシェアして拡散したい

Facebookのタイムラインに流れてくる記事の中には、友だちのイベント告知に関する記事など、自分も告知を手伝ってあげたいものもあります。そのような記事は「シェア」しましょう。「シェア」とはほかのユーザーの投稿を自分のタイムラインに再投稿することで、同じ内容を自分とつながっている友だちに広めることができる機能です。オリジナル記事をそのまま再投稿したり、コメントを付けて再投稿することができます。

1 「シェア」をタップ

シェアしたい記事右下にある「シェア」をタップします。

2 そのままシェアする

シェア投稿画面が表示されます。そのままオリジナル記事をシェアする場合は「シェアする」をタップしましょう

3 コメントを付けてシェアする

コメントを付けてシェアしたい場合は、シェア投稿画面にテキストを入力した上で「シェアする」をタップしましょう。

4 投稿がシェアされる

シェアした投稿が再投稿されます。友だちのタイムラインにも再投稿した内容が表示されます。

友だちの投稿に「いいね!」やコメントを付ける

Facebook上での友だちとコミュニケーションをする手段はさまざまですが、タイムラインに流れてくる友だちの投稿に対して「いいね!」やコメントを付けるのが基本となります。「いいね!」は投稿に対して軽く好意的で応援する気持ちのときに使います。コメントは実際に投稿記事に何か話しかけたり、メッセージのやり取りをしたくなったときに利用しましょう。

1 「いいね!」を付ける

「いいね!」を付けるには記事の左下にある「いいね!」をタップします。

2 「いいね!」を付けた

「いいね!」をつけるとアイコンが青色に変わります。もう一度タップすると「いいね!」を取り消すこともできます。

3 コメントを付ける

コメントを付けるには記事の下にある「コメントをする」をタップします。

4 コメントを入力する

コメント入力欄が表示されるのでテキストを入力しましょう。入力後右端にある送信ボタンをタップしましょう。

お気に入りの投稿を保存して後で見る

タイムラインに流れてくる投稿であとで見返したくなるような気になる投稿は「投稿を保存」しておきましょう。タイムラインがどんどん流れて元の記事にたどりつけなくなっても保存リストからすぐに見返すことができます。

投稿を保存するには記事右上にある「…」をタップして「投稿を保存」をタップします。保存した投稿はメニューの「保存済み」で確認することができます。

1 「…」をタップする

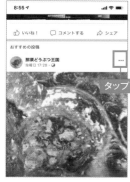

保存したい投稿の右上にある「…」をタップします。

2 「投稿を保存」をタップ

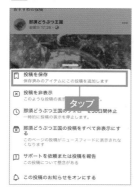

表示されるメニューから「投稿を保存」をタップします。

3 メニュー画面を開く

保存した投稿を見るには右下のメニューボタンをタップして「保存済み」をタップします。

4 投稿が保存された

保存された投稿が一覧表示されます。

Facebook

友だちの投稿に写真やスタンプでコメントしよう

コメント入力欄から写真やスタンプを追加できる

タイムラインに流れる投稿にコメントをする際はテキストだけでなく、写真や気持ちを伝えるのに便利なスタンプも添付することができます。

写真を添付したいときは、記事下部にある「コメントする」をタップしたあとに表示されるコメント入力欄の左側にあるカメラアイコンをタップしましょう。写真選択画面が表示されるので添付したい写真を選択しましょう。写真は1枚しか添付できません。

スタンプを添付するときはコメント入力欄右にあるスタンプアイコンをタップし、画面下部にスタンプが一覧表示されるので、適当なスタンプを選択しましょう。ほかに、Facebookが用意しているGIFアニメを投稿することもできます。最新版では自分のアバターを作成して投稿することができます。

コメントに写真やスタンプを挿入しよう

写真選択画面が表示されます。添付する写真にチェックを入れましょう。

コメント欄に写真が添付されます。送信ボタンをタップしましょう。

自分のアバターを作成してアバターを送信することもできます。

GIFアイコンをタップするとGIF動画を選択して送信できます。

スタンプが一覧表示されます。コメントに添付したいスタンプを選択しましょう。

コメント欄にスタンプが送信されます。

「いいね！」のほかにもリアクションがあります

　投稿記事へのアクションの1つ「いいね！」ではタップすると親指を上げたアイコンが表示されますが、ほかにもさまざまなアイコンが用意されています。ほかのアイコンを表示するにはいいねボタンを長押ししましょう。「超いいね！」「うけるね」「すごいね」など7種類の別のアイコンが利用できます。

ほかのアイコンを表示させるには「いいね！」ボタンを長押しします。

ほかのアイコンが表示されます。付けたいリアクションのアイコンをタップしましょう。

アイコンやスタンプで投稿しよう

　投稿時にはそのときの気分を表すのに便利なアイコンやスタンプを名前の横に追加できます。本文が読まれなくても名前横のアイコンだけで現在の状態を相手に伝えることができます。下部メニューから「気分・アクティビティ」をタップしましょう。

投稿画面で下のほうにある「気分・アクティビティ」をタップします。

表示されるスタンプやアイコンから適当なものを選択すると名前横に選択したスタンプやアイコンが表示されます。

複数の写真をアルバム単位でアップロードする

　Facebookは複数の写真を大量にまとめてアップロードするのに向いています。便利な「アルバム」作成機能があり、指定した写真を好きな名前を付けたアルバムに整理しながらアップロードできます。旅で撮影した写真やイベントで撮影した写真をまとめるのに向いています。アルバム作成画面ではアルバム名のほかに、特徴を表す簡単な説明文を追加したり公開範囲を設定することもできます。

1 「＋アルバム」をタップ

投稿作成画面で名前の横にある「＋アルバム」をタップ。アルバム作成画面が表示されます。「＋アルバムを作成」をタップします。

2 アルバム名を付ける

アルバム名とアルバムの説明を入力して右上の「保存」をタップしましょう。アルバムが作成されます。

3 写真を選択する

投稿作成画面に戻ったらメニューから「写真・動画」をタップし、アルバムに保存する写真にチェックを入れていきましょう。

4 公開範囲を指定してアップロード

投稿画面に写真が添付されます。最後に公開範囲を指定して右上の「アップロード」をタップしましょう。

Facebook

アルバムの公開範囲を変更したい

アルバムは初期設定では公開範囲が「友だちのみ」になっていますが、アップロード前でもアップロード後でも自由に公開設定を変更することができます。Facebookのアルバム機能を個人的な写真アーカイブに使いたいという人なら公開設定を「自分のみ」に変更しましょう。逆に誰にでも閲覧できるようにするなら公開設定「公開」にすれば、友だち以外の人でも自由にアルバム内の写真を閲覧できます。

1 プロフィール画面に移動する

アルバムの公開設定を変更するには、右下のメニューボタンをタップして自分のプロフィールをタップします。

2 「写真」から「アルバム」を選択する

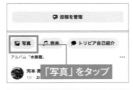

プロフィール画面中ほどにある「写真」をタップし、「アルバム」をタップします。

3 設定画面を表示する

アルバムが開きます。右上の「…」をタップして設定画面を開き、「プライバシー設定」をタップします。

4 公開範囲を設定する

プライバシー設定画面が表示されます。公開範囲を「公開」「友達」「自分のみ」から選択してチェックを入れ直しましょう。

タグ付けすると友だちの名前が投稿上でリンクされる

Facebookの投稿メニューの1つに「タグ付け」があります。タグ付けとは投稿時に一緒にいる（または写真に映っている）友達にリンクを貼る行為です。タグ付けするとその友達の名前が記事上に表示され、タップするとその友だちのFacebookページが開きます。用途としては、投稿記事に友だちの写真が映っていることを知らせたいときや、まったく知らない人たちに友だちを紹介したいときに利用します。

1 メニューから「タグ付け」を選択する

投稿作成画面の下部メニューから「タグ付け」をタップしましょう。

2 タグを付ける相手を指定する

タグ付け設定画面が表示されます。一緒にいる友達にチェックを入れて「完了」をタップします。

3 「投稿」をタップする

投稿作成画面に戻ると自分の名前の横にタグ付けした人の名前が表示されます。「投稿」をタップしましょう。

4 タグをタップする

投稿された記事には自分の名前の横にタグ付けした人の名前が表示されます。タグをタップすると相手のFacebookページが表示されます。

勝手にタグ付けされて個人情報をさらされたくない

友達からタグ付けされることがあります。タグ付けされると自分のタイムラインにも相手の投稿が勝手に流れてしまいます。ユーザーによってはプライバシー問題などの点からタグ付けが嫌いな人も多いでしょう。そういう場合はタグ付けの設定を変更しましょう。タグ付けされた投稿の表示を承認制にできます。設定で「自分がタグ付けされた投稿をタイムラインに表示する前に確認しますか?」にチェックを入れましょう。

1 設定画面を開く

設定メニューから「設定とプライバシー」をタップし「設定」をタップする。

2 プライバシー設定画面から選択する

「プロフィールとタグ付け」をタップします。

3 タグ付けに関する各種設定

「Facebookで表示される前に他の人が自分の投稿に追加したタグを確認する」をタップします。

4 タグの確認を有効にする

「自分の投稿のタグを確認」を有効にしましょう。これでタグ付けされたときに、タグを確認して承認するとタグ付けされた人とその友達も投稿が見られるようになります。

タグ付けされた投稿を自分のタイムラインに流したくない

「タイムラインとタグ付け」設定でタグを承認制に変更すると、自分がタグを付けられるときに、承認するかどうかの問い合わせメールが届きます。このとき、タグ付けされた投稿を自分のタイムラインに表示したくない場合は「非表示にする」を選択しましょう。しかし、相手のタイムラインにはタグは残ったままになってしまいます。タグ自体を削除したい場合は自分がタグ付けされた投稿の右上にある「…」をタップして「タグを削除」をタップしましょう。

1 タイムラインから非表示にする

承認制にしたあとタグ付けされるとこのような通知が届きます。自分のタイムラインに表示にしたくない場合は「非表示にする」をタップしましょう。

2 タイムラインで非表示になる

タイムラインからタグ付けられた投稿が消えます。ただし、投稿者のタイムラインにはまだタグは残ってます。

3 投稿者のタイムラインのタグを削除する

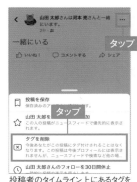

投稿者のタイムライン上にあるタグを削除するには、右上の「…」をタップして「タグを削除」をタップします。

4 タグの削除を確認する

タグの削除確認画面が表示されます。「OK」をタップしましょう。タイムラインからタグが削除されます。

Facebook

「イベント」機能で友だちと イベント情報を共有する

イベントを作成して参加するメンバーを管理しよう

Facebookの友だちと飲み会やパーティなどのイベントを開催するときは「イベント」の機能を使うと便利です。イベント機能では、日時や場所などの情報を入力されたイベントを作成でき、そこに参加する友だちにまとめて招待を送ることができます。イベントを作成した招待を送ると相手の通知欄に参加の可否を確認する通知が一斉送信されます。

通知を開くと回答画面が表示されます。参加する場合は「参加予定」、参加しないなら「参加しない」にチェックを入れると相手に返答できます。未定の場合や答えたくない場合は「未定」をタップしましょう。なお、作成されたイベントページにアクセスすると誰が「参加」「未定」「不参加」しているのか確認することができます。参加メンバーを見てから意思決定するのもよいでしょう。オンライン形式によるミーティングなど参加形態も選べます。

イベントを作成して友だちを招待してみよう

招待する側の設定

1 「イベント」をタップ

イベントを作成するにはメニューボタンをタップして「イベント」をタップします。

2 「作成」をタップ

イベント画面が表示されます。自分でイベントを作成するには「作成」をタップします。

3 公開範囲の設定

参加するイベントを友だち限定の非公開イベントにするか、だれでも参加できる公開イベントにするか選択しましょう。

招待される側の設定

1 通知をタップする

招待された側の通知画面にこのような招待状が届きます。参加するには通知をタップします。

4 イベント内容を入力する

イベント作成画面が表示されます。イベント名、日時、場所などを入力していきましょう。

5 「ゲストを招待」をタップ

イベントが作成されます。招待を送るには中央の「ゲストを招待」をタップします。

6 招待を送信する

招待する人にチェックを入れて、下の「招待を送信」をタップすると相手の通知欄に招待が送信されます。

2 参加するかどうか決める

参加確認画面が表示されます。参加する場合は「参加予定」、参加しない場合は「参加しない」、わからない場合は「未定」をタップしましょう。

Facebook

期間限定サービス「ストーリーズ」を使おう

選択した写真や動画を次々と流す期間限定コンテンツ!

Facebookには写真や動画をアップロードする方法として、直接タイムラインに投稿する方法のほかに「ストーリーズ」という機能が用意されています。

ストーリーズとは動画や、選択した写真などを連結させ、さまざまなエフェクトなども可能なスライドショー・コンテンツです。今日あった出来事の写真や動画を1つにまとめて友だちに見てもらいたいときに便利です。

作成したストーリーズは、投稿するとタイムラインに表示されるのではなく、画面一番上に表示され、タップすると再生されます。なお、ストーリーズは24時間限定で友だちだけに公開する機能です。そのため、ライブやパーティなど今起きているリアルタイムの出来事を伝えたいときに向いています。

手持ちの写真からストーリーズを作成してみよう

1 ストーリーズを作成

ストーリーズを作成するにはタイムライン上部にある「ストーリーズに追加」もしくはすでに作成した「ストーリーズ」をタップします。

2 写真を選択する

すでに撮影した写真からストーリーズを作成するには保存場所を選択して、ストーリーズに利用する写真を選択しましょう。

3 写真をレタッチする

写真が登録されたら上にある「スタンプ」「テキスト」「落書き」などのツールを使って写真を加工しましょう。

4 シェアする

写真の加工が終わったら右下の「ストーリーズでシェア」をタップします。

5 作成したストーリーズを鑑賞する

作成したストーリーズが追加されます。タップすると再生できます。

6 写真を追加する

ストーリーズに写真を追加するには、ストーリーズを開き右下にある「追加」をタップして写真を追加しましょう。

7 アーカイブを確認する

過去に作成したストーリーズを確認するにはストーリーズを長押しします。アーカイブ画面に移動します。

ストーリーズは誰が閲覧したかわかるので、誰が興味を持っているか確認するのにもおすすめ!

Facebook

ストーリーズの公開範囲を変更する

ストーリーズをアップロードすると標準では友だち限定で公開されます。友だちでない多くのユーザーに見てもらいたい場合は、公開範囲の設定を変更しましょう。ストーリーズを表示したあと「…」をタップして「ストーリーズ設定を編集」から公開設定を変更することができます。逆にあまり親しくない人には公開せず、特定の友だちだけにストーリーズを限定公開することもできます。

1 設定を変更する

設定メニューの「共有範囲と公開設定」から「ストーリーズ」を選び、「ストーリーズのプライバシー設定」をタップしましょう。

2 公開設定を変更する

公開設定を指定しましょう。

3 公開しない人を指定する

手順2で「ストーリーズを表示しない人」をタップするとストーリーズを表示しない人を指定することもできます

他人のストーリーズをミュートする

他人のストーリーズが邪魔に感じる場合はミュートすることもできます。ミュートしたいストーリーズを表示して設定メニューから「○○さんをミュート」をタップしましょう。

右上の「…」をタップして「○○さんをミュート」をタップ

自分のストーリーズを保存するには?

作成したストーリーズは前ページで紹介したアーカイブ画面に移動すれば閲覧することができます。ただ、作成したストーリーズを保存してほかに活用したいという人もいるでしょう。ストーリーズ再生中のメニューから携帯端末に保存することができます。逆に作成したものの個人情報が映っていたりして、すぐに削除したいものもあります。その場合もストーリーズの再生メニューから削除することができます。

1 ストーリーズをタップ

保存したい写真が含まれているストーリーズをタップします。

2 メニューから保存を選択する

保存したい写真を表示し、右上の「…」をタップします。メニューが表示されるので「写真を保存」をタップしましょう。

3 写真を削除する

逆に写真を削除する場合はメニューから「写真を削除」を選択します。確認画面が表示されるので「削除」をタップしましょう。

友達のストーリーズにリアクションする

友だちが作成したストーリーズを再生すると画面下部に入力フォームが表示されます。ここで相手にコメントを送ったり、いいね!を付けることができます。

コメントを入力する

Facebook

「メッセンジャー」で友だちと メッセージをやりとりする

Eメールよりもスムーズにメッセージのやりとりができる

Facebookのコミュニケーションはタイムラインに投稿された記事にコメントやいいね!を付けるだけでなく、LINEのトークのように1対1でメッセージのやり取りを行う方法も用意されています。

ただし、メッセージをやり取りするにはFacebookアプリとは別に「メッセンジャー」というアプリをインストールする必要があります。iPhoneの場合は

App Storeから、Androidの場合はPlayストアからダウンロードしましょう。アプリを起動すると友だちリストが表示され、友だちをタップするとチャット画面が表示されます。チャット画面下部にある入力欄からテキストを入力してメッセージを送信できます。ストーリーズの作成、ほかのユーザーが投稿したストーリーズを閲覧することもできます。

「メッセンジャー」アプリを使ってみよう

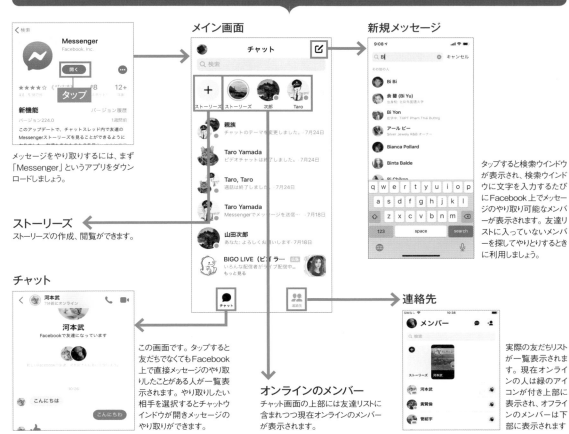

メイン画面

新規メッセージ

メッセージをやり取りするには、まず「Messenger」というアプリをダウンロードしましょう。

ストーリーズ
ストーリーズの作成、閲覧ができます。

チャット
この画面です。タップすると友だちでなくてもFacebook上で直接メッセージのやり取りしたことがある人が一覧表示されます。やり取りしたい相手を選択するとチャットウインドウが開きメッセージのやり取りができます。

オンラインのメンバー
チャット画面の上部には友達リストに含まれつつ現在オンラインのメンバーが表示されます。

タップすると検索ウインドウが表示され、検索ウインドウに文字を入力するたびにFacebook上でメッセージのやり取り可能なメンバーが表示されます。友達リストに入っていないメンバーを探してやりとりするときに利用しましょう。

連絡先

実際の友だちリストが一覧表示されます。現在オンラインの人は緑のアイコンが付き上部に表示され、オフラインのメンバーは下部に表示されます

Facebook

Facebookで
音声通話やビデオ通話をする

カメラアイコンから音声通話や動画通話もできます

「メッセンジャー」アプリはテキストメッセージだけでなく、LINEのように音声通話をかけることができます。音声通話を行うには音声通話を行いたい人をタップしてチャット画面を表示します。右上にある電話ボタンをタップしましょう。相手が応答すると通話することができます。

またビデオ通話もできます。チャット画面右上端にあるビデオボタンをタップしましょう。動画では単純に顔を向けあって話すほかにエフェクトツールを使って顔に特殊メイクを描けるお遊び機能も搭載されています。パソコン版Facebookでも利用できるのでオンラインミーティングにも利用できます。

Facebookで音声通話を行う

1 電話アイコンをタップ

音声通話を行うには相手をタップしてチャット画面を開きます。右上の電話アイコンをタップしましょう。

2 相手を呼び出し中

呼び出し画面が起動します。もし電話を切る場合は右下端の赤い電話アイコンをタップしましょう。

3 通話メニュー

タップして音声をミュートにする

相手が通話に出ると「呼び出し中」が通話時間に変更され、実際に音声通話ができます。自分の声を一時的にミュートにするには右から2番目のマイクボタンをタップしましょう。

左端にある「通話にメンバーを追加」からグループ会話も可能！

Facebookで動画通話を行う

1 ビデオアイコンをタップ

ビデオ通話を行うにはチャット画面で右上のビデオアイコンをタップします。

2

相手のカメラに映されたもの

ビデオ配信中の画面

自分のカメラに映されたもの

相手が通話に出るとビデオ通話が始まります。手前は相手の端末画面で右上が自分の端末です。

エフェクトツールをタップすれば特殊メイクをかけて遊べる！

Facebook

メッセンジャーで複数の友だちとグループトークをする

「グループ」を作成してメンバーを指定しましょう

メッセンジャーでは1対1のやり取りだけでなく「グループ」機能を利用することで複数の友だちと同時にチャットすることができます。家族会議やサークルのメンバーなど複数人で話し合いをするときに便利です。

グループを作成するにはメッセンジャーのメイン画面（チャット）から新規作成ボタンをタップして「新規グループを作成」をタップしましょう。グルー

プトークをしたいメンバー全員にチェックを入れましょう。自動的にグループが作成されます。初期設定は追加したユーザー名がグループ名になっていますが、編集画面からグループ名を付けることができます。

なお、クループに新たなメンバーを招待したり、特定のメンバーをグループから削除することもできます。

グループを作成しよう

次のページで紹介するFacebook本体のグループと異なる点に注意！

1 新規作成ボタンをタップする

メッセンジャーアプリのチャット画面を開き、右上の新規作成ボタンをタップします。「新規グループを作成」をタップします。

2 参加メンバーを選択する

グループトークに参加させる友だちにチェックを入れて「作成」をタップしましょう。

3 グループトーク開始

グループが作成されます。通常のメッセージのやり取りと同じように入力欄からメッセージやスタンプ、写真などを参加者に一斉送信できます。

4 グループ名を編集する

左上のアイコンをタップすると編集画面に切り替わります。右上の「編集」をタップして「チャット名を変更」をタップします。

5 テーマを変更する

設定画面ではグループ名作成のほかテーマを設定したり、各メンバーのニックネームを設定することができます。

6 グループのメンバーを管理する

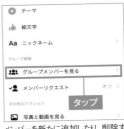

メンバーを新たに追加したり、削除する場合は編集画面で「グループメンバーを見る」を選択します。

7 メンバーの追加と削除

メンバー管理画面が表示されます。右上の追加ボタンでメンバーを追加します。メンバーをタップして「グループから削除する」で削除できます。

Facebook
Facebookの グループとは何なのか

複数で企画やプロジェクトを管理するときに便利

　Facebookには「グループ」という機能があります。グループはFacebook上で複数のメンバーと何らかのプロジェクトを立て、管理するのに便利な機能です。おもに仕事のプロジェクト、地元ボランティアのコミュニティ、趣味同士の集まりを形成するときに利用されます。

　Facebookのグループはだれでも作成できます。

　Facebookのメニュー画面から「グループ」をタップし、作成ボタンをタップするとグループ作成画面が表示されます。ここで、グループに招待したいメンバーを指定しましょう。あとからでも追加でメンバーを招待できます。グループには自由に名前を付け、プライバシー設定やFacebook上での検索の可否を設定することができます。

既存のグループをのぞいてみよう

グループは自分で作成しなくてもたくさんのFacebookユーザーが作成して公開しています。設定メニューの「グループ」をタップするとおすすめのグループが表示されます。

近くの飲食店やスーパーの割引情報を共有するグループなんかもあって便利！

グループを作成してみよう

1 グループを作成する

Facebookの設定メニューから「グループ」を選択します。グループ画面が表示されたら「＋作成」をタップします。

2 グループ編集画面

グループ編集画面が表示されます。グループ名を入力、公開設定を指定します。「グループを作成」をタップします。

3 招待するメンバーを選択する

グループに招待したいメンバーにチェックを入れて進めましょう。

4 参加グループを確認する

自分が参加しているグループを確認するには、設定メニューの「グループ」から「参加しているグループ」をタップしましょう。

グループの投稿に対してリアクションをする

グループのメンバーになるとメンバーが投稿した内容に対してコメントすることができます。メンバーがグループに投稿すると通知が届くので返信してみましょう。

また、元の投稿とは別に、返信に対する返信も行えます。

コメントはテキストだけでなく写真を添付することもできます。写真撮影の活動が多いグループの場合は、写真をアップロードすることで豊かなコミュニケーションが行えるでしょう。ほかにスタンプやGIFアニメでコメントをすることもできます。

1 「コメントする」をタップ

投稿にコメントするには「コメントする」をタップします。入力欄が表示されるのでテキストを入力しましょう。

2 コメントに対して返信する

コメントに対してコメントもできます。その場合はコメント下の「返信」をタップしてテキストを入力しましょう。

3 写真で返信する

投稿に対して写真をアップロードしてコメントすることもできます。左のカメラアイコンをタップして写真を選択しましょう。

4 投稿したコメントを編集する

投稿したコメントを長押しするとメニューが表示されます。コメントを編集したり削除したりできます。

グループに写真や動画などを投稿する

グループ管理人が投稿した内容にコメントするだけでなく、自分でグループに投稿することもできます。投稿する際はテキストはもちろんのこと写真や動画

もアップロードできます。テキストにフレームを設定して目を引きやすい投稿にデコレーションをすることもできます。

ただし、管理人以外のメンバーが投稿する際は公開設定を自分で指定することはできません。公開設定を管理できるのはグループ管理人のみとなります。

1 グループ画面に入る

設定画面から「グループ」を選択して「参加している「参加しているグループ」から対象のグループを選択します。「テキストを入力」をタップします。

2 内容を入力する

投稿作成画面が表示されます。テキストを入力しましょう。写真を添付する場合は右下の写真アイコンをタップします。

3 内容を投稿する

内容を入力したら右上の「投稿」をタップすればグループに投稿できます。なお「＋アルバム」から写真の保存先アルバムを指定することもできます。

公開範囲の設定変更はグループ管理者が行う

公開範囲はグループに招待されたメンバーでは設定できません。変更してもらいたい場合はグループ管理者に頼みましょう。グループ管理者は独特のメニューが利用できます。

設定
⚙ 設定
⚙ 基本設定

グループ管理人の「管理者ツール」の「設定」から公開範囲を変更できます。

Facebook

グループのカバー写真を変更したい

グループの管理者はほかのメンバーと異なりさまざまな独自の管理権を持っています。たとえば、グループページに表示されるカバー写真はグループ管理者のみが変更することができます。メンバーからカバー写真を変更したいという声が上がったら、グループ管理者が変更しましょう。グループ管理者アカウントでグループのページにアクセスし、カバー写真に「編集」から写真を変更することができます。

1 管理者アカウントでアクセス

管理者アカウントでグループのページにアクセスします。カバー写真右下にある「編集」をタップします。

2 写真をアップロードする

メニューが表示されます。カバー写真を別のものに変更するには「写真をアップロード」を選択しましょう。

3 写真を調整して保存する

端末から写真を選択します。写真が登録されたら指でドラッグして位置を調整し、「保存」をタップします。

グループ管理者のインターフェースはほかのメンバーと一味違う！

グループ名や各種設定をカスタマイズしたい

グループ名やグループ画面に表示する説明文の変更は、カバー写真の変更と同じくグループ管理人のみができる権限です。変更したい場合はグループ管理人に頼みましょう。管理人アカウントでグループページを開いたら、右上の星マークをタップしましょう。管理人独自のメニューが表示されます。この中の「設定」メニューでグループ名や説明文を変更することができます。

1 管理者アカウントでアクセス

管理人アカウントでグループのページにアクセスしたら、右上の星マークをタップします。

2 設定をタップ

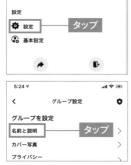

管理者ツール画面が表示されたら「設定」をタップします。「名前と説明」をタップします。

3 グループ名と説明を変更する

グループ編集画面が表示されます。グループ名と説明を編集しましょう。

管理者権限をメンバーに与える

メンバーにも管理者同様の権限を与えたい場合は、「管理者ツール」→「メンバー」で権限を与えるメンバーを追加できます。

メンバーをタップして権限を指定します。

ほかのメンバーの招待を制限したい

グループに加入するメンバーは標準では管理者以外のメンバーでも自由に招待して参加リクエストを承認できます。この状態だと知らない人がどんどん増えていき、何らかの情報機密の漏洩にもつながります。新規メンバーのリクエストを管理者だけが承認できるように設定するようにしましょう。設定変更は管理者アカウントの設定画面から行います。

1 管理者アカウントでアクセス

管理者アカウントでグループページを開き、右上の星アイコンをタップします。

2 設定をタップ

管理者ツール画面が表示されたら「設定」をタップします。

3 メンバーリクエストの承認設定

「メンバーリクエストの承認者」をタップします。

4 管理者とモデレーターのみにチェック

メニューが表示されます。「管理者とモデレーターのみ」にチェックを入れましょう。

ログインパスワードを変更するには?

ネットサービスを使っている人であれば常識ですが、サービスのログイン時に利用するパスワードは不正アクセスから身を守るため定期的に変更することが推奨されています。特にSNSは個人情報が膨大に含まれているためパスワード管理には注意しましょう。Facebookでログインパスワードを変更するにはメニュー画面の「設定」から「設定とプライバシー」へ進み、「パスワードを変更」でパスワードを変更できます。

1 設定画面にアクセスする

Facebookの設定画面を開いて「設定とプライバシー」から「設定」をタップしましょう。

2 パスワードとセキュリティ

下にスクロールして「パスワードとセキュリティ」をタップします。

3 パスワードを変更する

より強力なセキュリティを求めるなら次の二段階認証にするといい!

「パスワードを変更」をタップし、現在のパスワードと新しいパスワードを入力します。最後に「変更を保存」をタップしましょう。

Facebook

Facebook上での嫌がらせへの対処策

Facebook上で嫌がらせのコメントやメッセージを送りつけてくる悪質なユーザーに遭遇した場合はいくつかの対処方法があります。1つは「ブロック」です。ブロックはユーザー同士のつながりを最も強力に遮断する機能です。ブロックされた相手は自分に対するメッセージを送信するどころか、投稿、タグ付け、コメントやいいね！などのアクション、イベントやグループへの招待、友だち追加もできなくなります。

ただし、ブロックをするほどでもないが親しくない人とは友達になりたくないという人もいるでしょう。その場合は友達リクエストに制限をかけましょう。設定画面の「プライバシー」から自分に友達リクエストを送信できる人を「友だちの友だち」に変更すれば友だちリクエストに制限をかけることもできます。

1 歯車アイコンをタップ

ブロックしたいユーザーのプロフィール画面を開きメニューボタンをタップします。

2 「ブロック」をタップ

管理画面が表示されます。「ブロック」をタップし、「ブロック」をタップしましょう。

3 相手が非表示になる

ブロックした相手の画面は真っ白になります。

4 ブロックリストから追加する

設定画面の「設定とプライバシー」→「設定」→「ブロック」の「ブロックリストに追加」から検索でブロック追加することもできます。

5 リクエストに制限をかける

友達リクエストに制限をかけるには、設定画面の「設定とプライバシー」→「設定」→「検索と連絡に関する設定」を選択します。

6 友達リクエストの設定

「あなたに友達リクエストを送信できる人」をタップします。

7 「友達の友達」に変更する

「友達の友達」にチェックを入れ直しましょう。これで見知らぬ人からリクエストが送られることは少なくなります。

投稿の公開範囲を限定する

気に入らない投稿がないか検索して、見つけるとしらみつぶしに文句を言うユーザーもいます。このような人に見つからないようにするには記事の公開範囲を友だちに限定しましょう。

記事投稿時に公開設定を「友達」にしておきましょう。

自分で行ったブロックを解除するには？

見知らぬ不審なユーザーと思いブロックしたものの、あとで知り合いのユーザーとわかったときはブロックを解除しましょう。ブロックを解除するには

設定画面の「ブロック」リストでブロック状態にしているユーザーをタップしましょう。ブロック解除確認画面が表示されるので解除ボタンをタップしましょ

う。なお、一度ブロックを解除し、もう一度ブロックをするには48時間待つ必要があります。解除するかどうかは慎重に決めましょう。

1 ブロック画面にアクセスする

設定画面から「設定とプライバシー」をタップして「設定」をタップ。「ブロック」をタップしましょう。

2 ブロックしている人を選択する

ブロック状態にしている人が表示されます。ブロックを解除するユーザーをタップします。

3 ブロックを解除する

ブロック解除確認画面が表示されます。「ブロックを解除」をタップすると解除されます。

48時間は再ブロックできないので公開している自分の情報に注意！

頻繁に届く「お知らせ」を減らしたい

Facebookで友だちが増えてくると、投稿に「いいね！」やコメントが付くたびにお知らせが届いて煩わしくなってきます。余計なお知らせはできるだけ

減らしましょう。設定画面の「お知らせ」でカスタマイズできます。標準ではすべてオンになっていますが、「知り合いかも」や「誕生日」「動画」など余

計な項目はどんどんオフにしていくといいでしょう。

1 「お知らせ」を選択する

Facebookの設定画面を開き「設定とプライバシー」から「設定」を開き、「お知らせ」を選択します。

2 お知らせの種類を選択する

お知らせの種類が一覧表示されます。お知らせをオフにしたい項目をタップします。

3 お知らせをオフにする

「Facebookのお知らせを許可する」をオフにする。

プッシュ通知をオフにする

アプリ起動時にお知らせ内容だけがわかればよく、プッシュ通知をオフにしたい場合は「お知らせ設定」上部にある「プッシュ通知をミュート」をオンにしましょう。

スイッチを有効にして有効にする時間を指定しましょう。

Facebook

Facebookの通知方法を変更する

　Facebookの通知はプッシュ通知以外にも登録しているメールアドレスにも届きます。メールアドレスの通知が煩わしく感じる場合は、できるだけメールによる通知を受け取らないように設定を変更しましょう。アカウント、セキュリティ、プライバシーなど重要な事に関するメールだけ受け取るようにできます。

設定画面の「設定とプライバシー」から「お知らせ」→「メールアドレス」と進みます。

「アカウントに関するお知らせのみ」にチェックを付けましょう。

自分がブロックされたらどうなる？

　友だちからブロックされるとまず自分の友だちリストから相手が外れてしまいます。そして相手のタイムラインの内容が見えなくなります。また検索フォームで相手の名前を入力しても検索結果に表示されず、友だち経由でたどり着こうとしても表示されません。相手に何もアクションできなくなります。

ブロックされていない場合は、相手の名前を検索すると検索結果に対象相手が表示されます。

ブロックされた場合は、検索結果に相手の名前が表示されません。

タイムラインに余計な投稿を表示させないようにする

　友だちをたくさん追加しているとタイムラインがあまり興味のない投稿であふれかえり、肝心の投稿を見逃しがちになります。余計な投稿を表示させないようにタイムラインを整理しましょう。興味のない投稿の右上の「…」をタップします。メニューが表示されるので「投稿を非表示」をタップしましょう。以降、似たような投稿は表示されづらくなります。特定の友だちの投稿をすべて非表示にしたいなら「すべて非表示」を選択しましょう。

1 右上の「…」をタップ

あまり表示したくない投稿がタイムラインに流れたら投稿右上の「…」をタップ。

2 表示数を少なくする

メニューが表示されます。「投稿を非表示」をタップします。以降は類似した投稿は表示されづらくなります。

3 特定の人物の投稿を非表示にする

特定の人の投稿はすべて非表示にしたい場合は「○○の投稿をすべて非表示にする」をタップしましょう。

4 30日間非表示にする

一時的に非表示にしたい場合は「フォローを30日間休止」を選択すると30日間表示されなくなります。

不審なアプリとの連携を解除したい

　Facebookを使っていると余計なアプリと連携してしまうことがあります。不審なアプリを使ってしまったら連携を解除しましょう。アプリの中には悪質なものもあり個人情報が盗まれることもあるため危険です。アプリの連携を解除するには「設定とプライバシー」の「アプリとウェブサイト」を開き、連携しているアプリを確認し、不要なアプリとの共有をオフにしましょう。これでほかのアプリに情報が共有されることはありません。

1 「アプリとウェブサイト」を表示

メニューの「設定とプライバシー」から「設定」を開き、「アプリとウェブサイト」をタップします。

2 削除するアプリを選択する

Facebookと連携しているアプリが一覧表示されます。連携を解除したいアプリをタップしましょう。

3 アプリの連携を解除する

「削除」ボタンをタップして同意文にチェックを付けます。もう一度「削除」ボタンをタップしましょう。

4 プライバシー設定の変更

アプリの中にはプライバシー設定を変更するメニューがあるものもあります。鍵ボタンをタップしてプライバシー設定を変更しましょう。

アプリやウェブサイトの連携を解除したい

　外部アプリやゲームアプリとFacebookを連携しすぎると、Facebook上の友だちと連携してしまうことがあります。またゲームアプリと連携すると余計な通知も届くようになります。外部アプリとFacebookの連携をオフにするには、Facebookの設定画面の「設定とプライバシー」から「設定」→「アプリとウェブサイト」へ進み「アプリ・ウェブサイト・ゲーム」の利用をオフにしましょう。

1 Facebookの設定画面

Facebookの設定画面を開き「設定とプライバシー」をタップ。続いて「設定」をタップします。

2 アプリとウェブサイトをタップ

「セキュリティ」の「アプリとウェブサイト」をタップします。続いて「アプリ・ウェブサイト・ゲーム」をタップします。

3 プラットフォーム画面

「オフにする」をタップするとFacebookを利用してアプリやサービスにログインしないようにできます。

ゲームリクエストをオフにする

　友だちからゲームの招待を受け取りたくない人は、手順2の「アプリとウェブサイト」設定画面で「ゲームとアプリのお知らせ」で「アプリ・ウェブサイト・ゲーム」にチェックを付けましょう。

Facebookやゲームルームのアプリ開発社からのお知らせもオフにできます。

Facebook

連携アプリの共有項目をカスタマイズする

不審なアプリとFacebookの連携を解除することで、個人情報を抜き取られる心配はなくなりますが、それなりに信頼感があり今後も使い続けたいアプリであれば連携し続けたいものです。そこで、信頼感のあるアプリは連携を解除せず、Facebookと共有している情報を1つずつ管理して

いくといいでしょう。

共有している情報はFacebookの設定画面内にある「アプリとウェブサイト」をタップして確認できます。連携しているアプリの中で共有項目をカスタマイズするものをタップしましょう。「アプリの詳細画面」でFacebookと共有している情報を確認でき、また共有設

定の内容をカスタマイズすることができます。「必須」記載されている共有項目についてはオン・オフができません。なお、アプリによって共有情報項目は変化します。

Facebookと連携アプリの共有項目の解除はPCのブラウザからでも行うことができます。

---

1 Facebookの設定を開く

Facebook アプリ右下の設定ボタンをタップし、「設定とプライバシー」をタップします。続いて「設定」をタップします。

2 アプリとウェブサイトをタップ

設定とプライバシーの画面が開きます。下にスクロールして「アプリとウェブサイト」をタップします。

3 アプリを選択する

連携しているアプリが一覧表示されます。カスタマイズしたいアプリを選択しましょう。

4 カスタマイズ項目を選択する

そのアプリとFacebook が共有しているメニューが表示されます。連携を解除せずメールアドレス情報を削除したい場合はメールアドレスをタップします。

5 「削除」をタップ

メールアドレスの共有情報を削除するか聞かれるので「削除」をタップしましょう。

6 PCから設定を変更しましょう

PC から共有項目の設定を変更する場合は、右上のメニューボタンをクリックし「設定とプライバシー」→「設定」→「アプリウェブサイト」と進みます。

7 アプリを選択する

「アクティブ」タブを開きます。連携しているアプリが一覧表示されるので、共有項目を管理したいアプリの「確認・編集」をクリックします。

8 不要な項目をオフにする

共有項目が表示されます。共有したくない項目の「削除」をタップします。

Facebookのアカウント削除方法を知りたい

Facebookのアカウントを削除する方法は2つ用意されています。1つはアカウントを完全に削除する方法で、プロフィール、写真、投稿、動画、その他アカウントに追加したコンテンツのすべてが完全に削除されます。アカウントを再開することはできません。「メッセンジャー」アプリも利用できなくなります。

もう1つの削除方法は、Facebook利用の一時休止。こちらを選択した場合、自分もほかのユーザーもFacebookのアカウントにアクセスできなくなります。ただし、サーバ上にこれまで投稿した写真やテキスト動画などのデータは残っています。「メッセンジャー」アプリは引き続き利用できます。

完全削除時に注意したいのは、ほかのサービスとの連携です。Facebookアカウントを使ってSpotifyやPinterestなどの他のアプリに登録していた場合は、それらのアプリでFacebookのログインを利用できなくなります。

1 設定画面を開く

右下のメニューボタンをタップして「設定とプライバシー」をタップし「設定」をタップします。

2 アカウントの所有者とコントロール

「個人情報・アカウント情報」から「アカウントの所有者とコントロール」をタップします。

3 アカウントの利用解除と削除

「利用解除と削除」をタップします。

4 アカウントの利用解除を選択

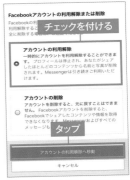

今回はアカウントの完全削除ではなく、一時的に利用を停止します。「アカウントの利用解除」にチェックを入れて「アカウントの利用解除へ移動」をタップします。

5 パスワードを入力する

ログインパスワードを入力します。入力後「次へ」をタップします。

6 利用解除理由にチェックを付ける

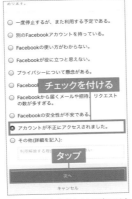

利用を解除する理由として当てはまるものにチェックを付けて「次へ」をタップします。

7 アカウントの利用解除画面

アカウントの利用解除画面が表示されます。「次へ」をタップしましょう。

8 アカウントを一時的に休止する

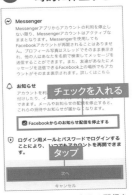

「Facebookからのお知らせ配信を停止する」にチェックを入れて「次へ」をタップしてアカウントを一時的に休止します。

Twitter

ツイッター

SNS（ソーシャ・ルネットワーク・サービス）の元祖ともいえるのが「Twitter」です。140文字以内の短い文章で友達と楽しく交流できます。1つの投稿が短いので、ちょっとした移動時間や待ち合わせの間のわずかなひとときなどにも気軽に楽しむことができます。もちろん、写真や動画も投稿が可能です。重要な情報はすぐに拡散されるので、タレント、俳優、政治家などの有名人や、好きなメーカー、ブランドなどの最新情報を入手するにもTwitterは最適といえるでしょう。

渾身のツイートが
リツイートされると
すごく嬉しいよね！

ニュースとか芸能情報
を探すだけでも
早くて便利なのよね、
これ！

Twitterの画面はこんな感じ!

> 毎日いろんなことで炎上してるから飽きないんだよね!

> 画像を投稿する際は個人情報に注意してね!

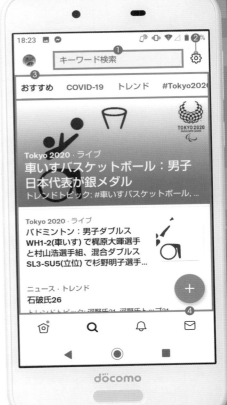

タイムライン画面

① メニュー……プロフィールやリストの表示、設定などの画面に切り替えられます。

② スペースを開始する……音声で交流できる新機能です。スペースについては、ダウンロード版PDFの方で解説しています。

③ 現在行われているスペース……タップすると参加することができます。

④ タイムライン……自分や友達、フォローしている人の投稿が流れていきます。

⑤ 投稿ボタン……自分のつぶやきを投稿する際はこのボタンから始めます。

⑥ ホーム……ホーム画面を表示させます。

⑦ 検索……キーワードでツイートやユーザーを検索できます。

⑧ 通知……自分の投稿にコメントや「いいね!」がついたときに表示されます。

⑨ ダイレクトメッセージ……自分宛てのメッセージを表示させます。

検索画面

① キーワード入力……気になるキーワードや、個人名、アカウント名などで検索できます。

② トレンド設定……現在地やフォローしている人などによってトレンドを設定できます。

③ タブ……おすすめやニュース、スポーツ、エンタメなどカテゴリを切り替えられます。

④ おすすめ記事……おすすめの記事が表示されます。スクロールさせていくとジャンル別に掲載されています。

Twitter

どんなことができるSNS？ Twitterの特徴を確認する

140文字以内でカジュアルに交流・情報収取できる

Twitterはさまざまなユーザーと短文で交流できるSNSです。1つの投稿で140文字以内という文字制限があるため、メールのようにかしこまらずに、自分が今何をしているのか？といった近況や、自分の意見、写真、動画などをカジュアルに発信・交流して楽しむことができます。

また、昨今ではニュースや医療情報の取得、トレンドのキャッチなど、情報をすばやく入手できる手段としても注目されています。たとえば、芸能人や著名人のアカウントをフォローすれば、彼らの情報や趣向をいち早くチェックできます。公的機関やニュースサイト・商業施設をフォローしておけば、安全に繋がる情報やお得な情報などもキャッチすることができるでしょう。こうして、コミュニケーションと情報収集。どちらにも活躍するツイッターの楽しみ方・活用方法を紹介していきます。

Twitterでできることをチェック！

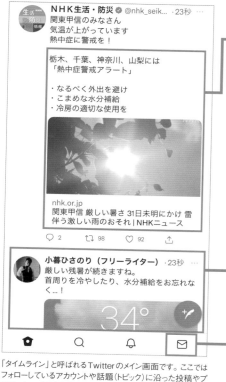

「タイムライン」と呼ばれるTwitterのメイン画面です。ここではフォローしているアカウントや話題（トピック）に沿った投稿やプロモーション要素を含む投稿などが表示されます。

ニュースサイトやテレビ局のアカウントをフォローしておけば、最新のニュース、話題のニュースなどがすぐに手に入ります。

他のTwitterユーザーの投稿に返信したり、意見を交換するといったこともできます。

Twitterユーザー同士で、他者に見られないように1対1で会話をする「DM（ダイレクトメッセージ）機能」もあります。

関東甲信 厳しい暑さ 31日未明にか

リンクをタップして開けば、ニュースの全容がブラウザで確認できます。

Twitterは情報発信だけでなく、現代の情報収集ツールとして手放せないものだ！

アカウントを作成して Twitterをはじめよう！

スマホからTwitterアカウントを作成しましょう

　さっそくTwitterを始めてみましょう。スマホからでもアカウントを発行でき、今すぐにでもTwitterデビューできます。手順は基本的に、画面の手順（iPhoneの場合で解説）に沿って進めていけば問題ありませんが、注意すべき点が2点あります。

　まずはSMSが受信できるスマホの電話番号が必要です。メールアドレスでも登録できますが、電話番号を登録しておくとセキュリティの高い2段階認証が利用でき、なりすましや乗っ取りなども防げて安全になります。もうひとつは「連絡先を同期」の設定です。これを行なうと、スマホに登録されている連絡先からTwitterを使っている友達を探せて便利な反面、匿名性も失われます。後ほど設定し直すこともできるので、ここでは手順をスキップしておくのが無難です。

Twitterアカウントの作成で注意すべきポイント

1 名前と電話番号を登録する

Twitterアプリを起動したら「アカウントを作成」をタップ。名前（ニックネーム可）と、スマホの電話番号・生年月日を入力して進めます。

2 SMSでの認証を行なう

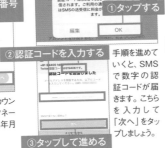

手順を進めていくと、SMSで数字の認証コードが届きます。こちらを入力して「次へ」をタップしましょう。

3 パスワードを設定する

Twitterにアクセスするためのパスワードを入力して「次へ」をタップします。パスワードは紙にメモしておきましょう。

4 プロフィール画像や自己紹介の設定

プロフィール画像や自己紹介文を設定できます。こちらは後でも設定できる（次のページを参照）のでスキップしても構いません。

5 「連絡先の同期」の可否

「連絡先の同期」は必要なら後で設定できます（94ページ参照）。ひとまずスキップしておくのが無難です。

6 興味があるキーワードやアカウントをフォローする

興味があるキーワードを選んだり、おすすめアカウントを事前にフォローしておけます。

7 Twitterのアドレスを決める

Twitterで使われるアドレス（名前）を変更できます。変更は任意ですが、覚えやすい英数字に変えておくのも良いでしょう。

8 Twitterを楽しむ準備が整う

Twitterのメイン画面（タイムライン）が表示され、フォローしたユーザーの投稿を見ることができます。

Twitter

お気に入りの写真をプロフィール写真に設定

　自分の写真やペットの写真、趣味の写真などをプロフィール画像に設定しておくと、タイムラインやプロフィール画面で自分の個性をアピールする

ことができます。設定は任意ですが、同じ趣味の友達とコミュニケーションを図りたい場合は、プロフィール写真を設定しておいたほうが良いでしょう。

投稿にもプロフィール画像が表示されるので、タイムラインではアイコンから投稿主を見分けられるようになる点も便利です。

1 「プロフィール」画面を開く

画面左上のプロフィールアイコンをタップし、「プロフィール」をタップします。

2 「プロフィールを入力」をタップ

「プロフィールを入力」をタップし、「+」アイコンをタップ。スマホの中から写真を選びます。

3 写真の範囲を決める

写真からプロフィールに表示したい範囲を決めます。「適用」→「完了」とタップしましょう。

4 プロフィール画像が設定できる

プロフィール画像が設定できます。「次へ」でさらにプロフィールの設定を進めることもできます。

プロフィールの情報を追加する

　アイコンに加えて、趣味やブログのURLなど、自分のプロフィールを入力しておくと、他のユーザーにより興味を持ってもらえるようになるので、ぜひ設定しておきましょう。ただし、誰にでも見られる場所なので、個人情報は控えましょう。

上の手順を参考に「プロフィール」画面を開き、「変更（Android では「プロフィールを編集」）」をタップします。

自己紹介を入力しましょう。趣味や趣向、年齢、好きなもの、活動内容などを記入しておくと良いでしょう。

誕生日の公開範囲を変更する

　Twitterのプロフィールには生年月日を設定できます。初期設定ではこれらは自分のみに表示される設定になっています。もし親しいフォロワーに誕生日を知ってほしい場合などは、それぞれの設定を見直しましょう。

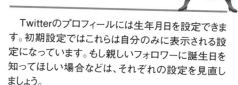

プロフィールの編集画面を表示し、「生年月日」をタップします。

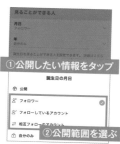

「月日」をタップして公開範囲を変更しましょう。相互フォローだけに公開するといった設定もおすすめです。

まずは友だちや知り合いを「フォロー」してみよう

Twitterを利用している友だちの近況などをチェックしたい場合は、相手を「フォロー」しておくと便利です。フォローしたアカウントの投稿は「タイムライン」というメイン画面に表示されるので、タイムラインを眺めているだけで、友人たちの近況がわかります。

名前やTwitterのIDで友だちを検索して探す方法が一般的ですが、友だちがすぐ近くに居る場合は「QRコード」をスマホのカメラで読み取ることでもフォローできます。

この相手をフォローするという行為はTwitterの基本的な楽しみ方です。多くのユーザーは勝手にフォローしても問題ありませんが、相手が鍵マークが付いた非公開アカウント（95ページで紹介）の場合は、まずフォローの申請を送って、相手からの承認を待つ必要があります。

1 友達の名前やニックネームで検索

「検索」ボタンをタップし、検索欄に友達の名前やアカウントを入力して検索。フォローしたい相手を見つけましょう。

2 友達を「フォロー」する

相手のプロフィールを確認して「フォローする」をタップします。

3 友だちがフォローできたことを確認

相手のステータスが「フォロー中」になったことを確認しましょう。

4 タイムラインに投稿が表示される

フォローしたアカウントの投稿は「タイムライン」に表示されます。以後はタイムラインを確認すると友だちの近況がわかります。

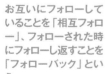

お互いにフォローしていることを「相互フォロー」、フォローされた時にフォローし返すことを「フォローバック」という。

QRコードをスキャンしてフォローする

ホーム画面左上のプロフィールアイコンをタップしてメニューを表示したら、QRコードマークをタップします。

①相手のQRコードをカメラで読み取る

自分のアカウントのQRコードが表示されます。「QRコードをスキャン」をタップすると、相手のQRコードを読み取ってフォローすることができます。

Twitter

発信力の強い芸能人や好きなタレントをフォローする

好きな芸能人やタレント、作家、アイドルの情報を知りたい!という思いからTwitterを始めた人も多いでしょう。彼らのアカウントをフォローしておけば、タイムラインから投稿を素早くキャッチでき、今何をしているのか?の近況を逐一チェックできるようになります。これには、検索機能を使って相手のアカウントを探しましょう。検索欄にキーワードや名前を入力してアカウントを探し、アカウント情報から「フォロー」ボタンをタップしましょう。

1 検索アイコンをタップする

画面下部にある「検索」アイコンをタップしましょう。

2 キーワードや名前で検索する

①キーワードや名前を入力
②フォローしたい相手をタップ

検索欄にキーワードや名前を入力し、該当するアカウントをタップして選びます。

3 「フォローする」をタップする

相手のプロフィールが表示されるので、「フォローする」をタップしましょう。

名前の横の青いマークは?

名前の横に表示される青いバッジは、「認証済みアカウント」の証です。そのアカウントがTwitter社によって本人であると認定されている証拠となります。

本人か?なりすましか?を見分けるには、この「認証済み」バッジを参考にしましょう。

スマホの連絡先からTwitterを使っている友だちを探す

Twitterではスマホの連絡先をアップロード(同期)する機能があります。これを利用すると、同じく連絡先をアップロードしていて自分の連絡先を知っているユーザーが「おすすめユーザー」に提案されることもあります。確実に見つかるわけではありませんが、身近な人物をTwitterで探したい場合に便利です。なお、アップロードした連絡先は、他人に見られることはありません。削除もできるので、不安であれば後ほど削除しておきましょう。

1 「プライバシーとセキュリティ」を開く

①タップ

②タップ

画面の左上にあるプロフィールアイコンをタップし、「設定とプライバシー」→「プライバシーとセキュリティ」とタップします。

2 連絡先を同期する

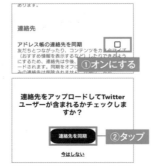
①オンにする
②タップ

「見つけやすさと連絡先」→「アドレス帳の連絡先を同期」をオンにします。iPhoneでは「連絡先を同期」をタップしましょう。

3 連絡先に登録されているユーザーを確認

タップ

プロフィールアイコンをタップし、「●●フォロー」とある場所をタップしましょう。

4 連絡先のユーザーをフォローする

タップ

画面右上にある「+」ボタンをタップすると、「おすすめユーザー」から連絡先の友だちを探せることもあります。

フォロワーを確認してフォローを返す

　自分のアカウントをフォローしているユーザーのことを「フォロワー」と呼びます。プロフィールの「●●フォロワー」にその数が表示され、自分からフォローしていない相手はフォローを返す（フォローバック）することもできます。

1フォロワー

タップ

タップ

プロフィールアイコンをタップして「●●フォロワー」をタップします。

自分をフォローしている人を確認できます。フォローを返すには「フォローする」をタップしましょう。

非公開アカウントにフォロー申請を送る

　Twitterは開かれたSNSですが、鍵マークが付いた「非公開アカウント」は投稿内容が見れず、勝手にフォローすることもできません。まずはフォロー申請を送り、相手が承認すればフォローし、投稿もチェックできるようになります。

フォローの許可待ちの状態

タップ

通常の手順と同じく、プロフィールの「フォロー」ボタンをタップします

相手にフォロー通知が届きます（やや時間がかかることもあります）。相手が許可するとフォローすることができます。

フォローした人を整理する「リスト」を作成する

　多くのアカウントをフォローしていると、タイムラインに流れてくる情報が多すぎて目を通しきれなくなります。こうした場合は「リスト」機能が活躍します。リストでは、指定したアカウントの投稿だけをタイムラインに表示できます。「ニュース」「友人」「趣味」「地域」など、アカウントからの投稿ジャンルに合わせて「リスト」を作成し、取得する情報を切り分けて管理すると、フォローアカウントが増えても、入手したい情報を的確に得られるようになります。

1 「リスト」をタップする

タップ

プロフィールアイコンをタップしてメニューを表示し、「リスト」をタップします。

2 リストを作成する

新しいリストを見つける

タップ

リストがない状態の場合は右下のアイコンをタップして、リストを新規作成しましょう。非公開のリストも作成できます。

3 リストの名前や説明を入力する

①リストの名前、説明を入力

②タップしてリストを作成

リストの作成を終える

リストに名前や説明を入力して「完了」→「完了」とタップしましょう。

同じ手順を繰り返して目的別のリストを複数作成できる。リストへの追加方法は97ページへ！

Twitter

関わりたくない人には「ミュート」や「ブロック」を使おう！

投稿を非表示にしたり、完全拒否することもできる！

Twitterには多くのユーザーがいるので、時として自分が見たくない投稿がタイムラインに流れてくることもあります。こうした見たくないアカウントからの投稿を非表示にできるのが「ミュート」と「ブロック」です。

「ミュート」は設定したアカウントの投稿をタイムラインに表示しない機能。相手からのコメントや「いいね」、ダイレクトメッセージなどは受け取れるため、コ

ンタクトを取りつつ距離をおきたい場合に便利です。

「ブロック」は相手とのフォローを解除し、全ての連絡を防ぐ機能です。ブロックされた相手の投稿も見ることはできません。相手とコンタクトが取れなくなるので留意が必要ですが、迷惑行為を繰り返すアカウントなどは、ブロックするのが効果的です。

ミュートとブロックの違いを知ろう

> ブロックしたユーザーでも別のアカウントやTwitterにログインしない状態では、投稿も見られ、@ツイートも送れるよ。

「ミュート」した場合

- ●フォローは継続される
- ●タイムラインに投稿が流れてこない
- ●メンションやダイレクトメッセージ（DM）は届く
- ●相手はミュートされていることはわからない

「ブロック」した場合

- ●お互いにフォローが解除される
- ●タイムラインに投稿が流れてこない
- ●メンションやダイレクトメッセージ（DM）も届かない
- ●相手がブロックしたことは調べればわかる

①タップ

②ミュートやブロックが行なえる

タイムラインの投稿などで「v」をタップし、「●●●さんをミュート」もしくは「●●●さんをブロック」でミュートやブロックが行えます。

ブロックは完璧ではない！注意点をチェック！

ブロックは相手のアカウントとの繋がりを防ぐ機能で、自分の投稿やモーメント、リストへの追加、写真へのタグ付けなども防げます。ただし、自分がフォローしている第三者から送った@ツイート（返信）や、ブロックしたアカウントと自分の両方に宛てた@ツイートでは、相手のIDは表示されてしまいます。

ブロックしていても、フォローしている第三者が含まれる返信は相手のIDが表示されてしまいます。

ミュート/ブロックしたアカウントを確認して解除したい

ミュートしたりブロックしたアカウントを確認し、必要であればミュートやブロックを解除することもできます。これには、Twitterのホーム画面左上にある

プロフィールアイコンをタップし、設定メニューの「設定とプライバシー」から「プライバシーとセキュリティ」を開きます。設定項目の中から「ミュート中」

「ブロックしたアカウント」をそれぞれ確認して、不要なら解除しましょう。

1 プライバシーとセキュリティをタップ

設定メニューから「設定とプライバシー」→「プライバシーとセキュリティ」をタップします。

2 解除したい方を選ぶ

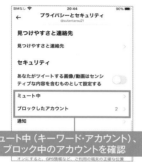

「ミュート中（ミュートしているアカウント）」「ブロックしたアカウント（ブロック済みアカウント）」から、解除したい方を選びます。

3 ブロックやミュートを解除する

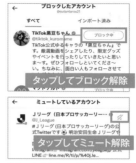

「ブロック中」をタップするとブロックが解除されます。ミュート解除の場合は、赤いスピーカーマークをタップしましょう。

4 プロフィールからミュートを解除

相手のプロフィールを表示してミュートボタンからミュートの解除も可能です。

作成したリストにユーザーを追加する

95ページで作成したリストに、ユーザーを追加してみましょう。これには、相手のプロフィール画面で「…」ボタンから「リストへ追加または削除」を選

びます。なお、リストにはフォローしていないアカウントも追加できるので、フォローはしなくても投稿は確認したい！といった場合にも便利。頻繁に流れて

くると邪魔になるニュース系アカウントなどもリストで管理すると良いでしょう。

1 「…」をタップ

リストに追加したいアカウントのプロフィールを表示し、「…」をタップします。

2 「リストへ追加または〜」を選ぶ

メニューの中から「リストへ追加／削除」を選びましょう。

3 追加するリストを選ぶ

追加するリストを選べばリストに追加されます。

リストに追加すると相手に通知が届くが、非公開リストを作成した場合は通知は届かない！

Twitter

気になる人のツイートを即座に通知させる

フォローしているアカウントが増えると、大切な相手の投稿もタイムラインに埋もれてしまいがちです。もし、芸能人やアイドル、仲の良い友だちなど、気になる相手の投稿をすぐにチェックしたい場合は、アカウントごとに設定できる通知機能を利用しましょう。設定画面で通知方法を「すべてのツイート」に設定しておけば、投稿があるたびにスマホに通知が届き、常に最新のつぶやき（投稿・ツイート）を確認できます。

1 プロフィールの通知マークをタップ

相手のプロフィール画面を表示したら「通知」マークをタップします。

2 「すべてのツイート」を選択する

通知方法を問われるので「すべてのツイート」を選択しましょう。

3 ツイートがあると通知が届く

通知を設定したアカウントからの投稿があると、即座に通知が届きます。

4 ロック画面でも通知は届く

Twitterからの通知を許可していると、ロック画面でも通知が届きます。

ほかのユーザーが投稿したツイートを見返せるように保存する

気になるニュースや、思わず感動したツイート、話しのネタになるツイートなど、後で見返したい投稿は、「ブックマーク」しておくことで、いつでも見返すことができて便利です。アプリでは、ツイートに備わっている共有ボタンから手軽にブックマークに保存できます。ただし、投稿者がすでにツイートを削除していた場合は、ブックマークから再表示できません。こうした場合に備えるには、スマホの画面を撮影（スクリーンショット）しておくと確実です。

1 「共有」ボタンをタップする

保存したいツイートの下にある「共有」ボタンをタップしましょう。

2 「ブックマークに～」をタップ

共有方法を問われるので、「ブックマーク」をタップすれば保存できます。

3 ブックマークを開く

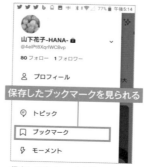

保存したブックマークを見るには、左上のプロフィールアイコンをタップし、メニューから「ブックマーク」を選びましょう。

スクリーンショットを撮る場合

- ●ホームボタンがあるiPhone…電源ボタン＋ホームボタン

- ●ホームボタンが無いiPhone…サイドボタン＋ボリュームボタン（＋）

- ● Android… 電源ボタン＋ボリュームボタン（－）「一例」

今どんな気持ち？ 気軽にツイートしてみよう

　Twitterの見方に慣れてきたら、自分の気落ちや、興味があること、発信したい情報をつぶやいてみましょう。タイムライン右下にある「ツイートを作成」ボタンをタップすると、入力画面が表示されるので、140文字以内で文字を入力して「ツイート」ボタンをタップすればOKです。文字数制限は不便に思うこともありますが、日常の出来事を気軽につぶやけるカジュアルさがTwitterの利点です。

1 「ツイートを作成」ボタンをタップ

タイムラインの画面右下にある「ツイートを作成」ボタンをタップします。

2 言葉を入力して「ツイート」

①文字を入力

②タップしてツイート（投稿）する

残りの文字数

伝えたい言葉を入力して「ツイート」をタップしましょう。

3 タイムラインに反映される

自分のツイートがタイムラインに反映されます。

投稿は自分のフォロワーだけでなく、世界中のアカウントから見える。個人情報には留意しようね。

140文字を超える内容をツイートする

　140文字という制限の中では、1つのツイートでは内容を説明しきれない場合もあります。このような場合は、先に投稿したツイートに繋がるように、連続したツイートとなる「スレッド」で補足するのもTwitterのテクニックのひとつです。

タップ

①繋がるツイートを入力する

1つ目のツイートに繋がるように連投するには、「＋」ボタンをタップします。

②タップして投稿

2つ目のツイートが作成されます。内容を入力して、「すべてツイート」をタップしましょう。

ほかのユーザーが投稿した写真を保存する

　ほかのユーザーがTwitterに投稿した画像や写真は、スマホに保存することができます。iPhoneでは長押しして「写真を保存」から保存できます。Androidでは右上の「：」ボタン→「保存」で保存できます。写真は個人で楽しむだけなら問題はありませんが、元の投稿者に無断で利用したり拡散するとトラブルになるので注意しましょう。

長押し

iPhoneでは、タイムラインの投稿をタップして詳細を表示したら、写真を長押しします。

タップで「写真」の中に保存される

写真をツイート
画像をコピー
写真を保存
共有する

表示されたメニューの中から「写真を保存」を選びましょう。

Twitter

投稿の注目度が上がるGIFアニメやアンケートを活用!

　ツイートの注目度を上げたい場合や、自分の感情を視覚的に伝えたい場合は、写真が動く「GIF」画像の添付が効果的です。ツイート作成時に

「GIF」ボタンから利用できる画像が選べるので、ツイートに合ったものを選びましょう。

　また、多くの人に同意や意見を求め

る場合は「アンケート」機能も便利です。質問項目を入力し、見た人からの回答を集めることができます。

1 GIFボタンから GIF画像を追加

ツイート作成時に「GIF」ボタンをタップ。GIF画像のジャンルが表示されるので、ジャンルを選びます。

2 GIF画像を選んで ツイートする

画像一覧から添付したいGIF画像を選ぶとツイートに添付されます。

3 アンケートを 作成する

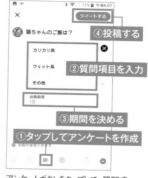

アンケートボタンをタップして、質問項目を入力します。投票期間を決めて「ツイートする」をタップしましょう。

4 アンケートが 投稿される

アンケートを含むツイートが投稿され、見た人からの回答を確認できます。

ツイートにスマホの写真や動画を付けて投稿する

　Twitterは文字に加えて、スマホ内に保存された写真や動画を加えてツイートできます。文字だけでは伝わりにくいことや、キレイな風景、面白い映

像が撮れた場合などは、それらを添付してツイートしてみましょう。手順も簡単で、投稿時に「写真」ボタンをタップして、投稿したい写真や動画を選ぶ

だけ。写真は最大4点まで、動画は1点のみで、短く編集してから投稿できます。

1 写真ボタンを タップする

投稿画面にある「写真」ボタンをタップしましょう。

2 投稿したい 写真を選ぶ

投稿したい写真をタップで選びましょう（最大4件・動画は1点）。選択後は「追加する（Androidでは「●件を追加」）」をタップします。

3 写真付きの投稿が 作成される

投稿に写真が添付されます。複数枚選んだ場合はスワイプで次の写真を表示できます。

投稿前に 加工もできる

画像を選んだ時に表示される「加工」マークをタップすると、投稿する写真を加工したりエフェクトを加えられます。

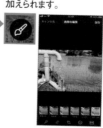

ツイートへの返信にさらに返信を返す

ツイートしていると、フォロワーや投稿に興味を持ったフォローしていないユーザーから返信（@メッセージ）を受け取ることがあります。こうした返信に、さらに返信を返すこともできます。

これにはまず「通知」をタップして「@ツイート」タブを開きます。自分への返信が表示されるので、さらに返信を返したいツイートの「コメント」ボタンをタップして返信を入力しましょう。なお、返信ツイートには写真なども添付することができます。

1 「通知」をタップする

投稿に返信があると「通知」に数が表示されます。そちらをタップしましょう。

2 「コメント」マークをタップ

「@ツイート」タブをタップすると、返信が表示されます。更に返信を返したい投稿の「コメント」マークをタップしましょう。

3 返信内容を入力する

返信内容を入力して「返信」をタップしましょう。

4 返信が送信される

タイムラインに返信ツイートが投稿されます。相手には同じように返信の通知が届きます。

誤って投稿したツイートを削除する

誤字や間違った認識など、ツイート後に削除したい場合もあります。こうした時はツイートの詳細画面から削除しましょう。ただし、一度削除してしまうと、他人のタイムラインからも消え、元に戻すことはできません。

削除したいツイートの「…」ボタンから「ツイートを削除」をタップします。

確認画面で「削除（Androidでは「はい」）」を選べば削除されます。

「通知」に付いている数字が気になる！

「通知」に数字は、未読の通知があることを表しています。「すべて」は「いいね」や「返信（@ツイート）」、フォロワーが増えた時などに送られてくるすべての通知を確認、「@ツイート」は自分宛の返信だけをチェックできます。

「通知」の数字は、通知の数を示しています。タップして開きましょう。

「すべて」「@ツイート」とタブが分かれているので、それぞれを確認しましょう。

Twitter

ハッシュタグを使って同じ趣味の人に向けて発信する

ペットの話題、天気の話題、トレンドのニュースなど、特定のジャンルの話題を広めたい場合に便利なのが「ハッシュタグ」。これは「#（半角シャープ）」の後ろにキーワードを入力することで、そのキーワードを含むツイートを素早く検索できる機能です。例えば「＃猫」と入力すれば、猫の情報を集めているアカウントに投稿を知ってもらいやすくなり、交流を広めるのに役立ちます。

1 「#」に続くキーワードを入力する

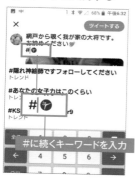

半角の「#」を入力し、その後ろにハッシュタグにしたいキーワードを入力します。

2 ハッシュタグを連続入力

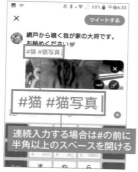

複数のハッシュタグを入力したい場合は、半角以上開けてから再び#を入力します。

3 ハッシュタグをタップして確認

ハッシュタグを含むツイートが投稿されます。ハッシュタグ部分をタップしてみましょう。

4 ハッシュタグを含むツイートが表示

タップしたハッシュタグを含むツイートが表示されます。

「@ツイート」でユーザーを名指しでメッセージを送る

友達に読んでほしいツイートを投稿したのに、気がついてもらえなかった……。ということを防ぐために「@ツイート（メンション）」機能を利用しましょう。文中に@に続いて相手のユーザー名を入力することで、相手を名指ししてツイートを届けることができます。一般的な設定では、メンションが届くとTwitterアプリから通知が届くので、多くの場合はこれで相手に気付いてもらえます。

1 「@」の後にユーザー名を入力する

まずは「@」を入力し、メンションを送りたい相手のアカウント名を入力します。

2 ツイート本文も入力する

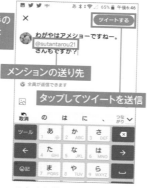

メンションに続いてツイート本文を入力し、「ツイート」をタップしましょう。

3 メンションが送られる

相手宛のメンションが送られ、タイムラインに表示されます。

4 送った相手には通知が届く

メンションを送った相手にはメッセージ通知が届きます。

1対1でDM（ダイレクトメッセージ）を送る

メンションと違いDM（ダイレクトメッセージ）では、非公開で1対1のメッセージをやり取りすることができる機能です。メンションでは指定した相手以外にもメッセージが読まれてしまうことがありますが、DMでは完全に1対1の対話なので、対話している以外の人物には内容が知られることはありません。家族や仲の良い友人とプライベートな会話をする場合はこちらを利用しましょう。

1 「DM」ボタンをタップする

下部のアイコンから「DM」ボタンをタップし、「新規DM作成」をタップします。

2 相手の名前を入力する

①アカウント名やユーザー名を入力

②候補から選ぶ

相手のアカウント名やユーザー名を入力して、候補から選択します。Androidでは「次へ」をタップします。

3 メッセージを入力して送信する

①メッセージを入力

②タップして送信

相手に送りたいメッセージを入力して「送信」をタップしましょう。

4 DMのやり取りを行なう

DMはメンションなどと違い、他のユーザーから見られることはありません。プライベートな情報をやり取りする場合に便利です。

「リツイート」で有益なツイートを拡散する!

同じ趣味のユーザーに届きそうな情報価値の大きいツイートや、緊急時・災害時などに政府や公共機関から発信された役立つツイートなど、他の人にも知ってほしい有益なツイートは「リツイート」してみましょう。ツイートを「リツイート」することで、自分のタイムラインにそのまま掲載できるので、自分をフォローしているユーザーにもそのツイートが届き、情報を効率よく拡散できます。

1 「リツイート」アイコンをタップ

タップ

拡散したいツイートを他の人にも知って欲しい場合は「リツイート」ボタンをタップします。

2 「リツイート」をタップする

そのままリツイートする

自分のコメントを添えてリツイートする

リツイート
引用ツイート
キャンセル

方法を問われるので、「リツイート」、もしくは「引用ツイート」をタップしましょう。

3 そのまま「リツイート」した場合

誰がリツイートしたかがわかる

「リツイート」した場合は、元のツイートがそのまま自分のフォロワーのタイムラインに拡散されます。

4 「コメントを付けてリツイート」した場合

リツイート時に入力したコメント

引用リツイートした場合がこちら。元のツイートの上に自分のコメントを一言添えられます。

Twitter

気に入ったツイートには「いいね」を付けよう!

　タイムラインを眺めていて、気に入ったツイートがあったら、ぜひ「いいね」を付けてみましょう。「いいね」を付けるとツイートの投稿者に通知が届くた

め、自分の気持を表すと共に、投稿者にとっても、自分のツイートがどれだけ人気になったのか? という指標にもなります。また「いいね」を付けたツ

イートは後から見直すことができるので、簡易的なツイートの保存機能として便利です。

1 「いいね」マークをタップする

「いいね」を付けるには、ツイートの下にある「いいね」マークをタップします。

2 「いいね」が付く

ハートが赤く点灯し、「いいね」が付けられたことがわかります。

3 「いいね」したツイートを見る

「いいね」したツイートを見るにはメニューから「プロフィール」を開きます。

4 「いいね」タブで確認する

プロフィール画面では、「いいね」タブから「いいね」したツイートを確認できます。

「おすすめ」や「トレンド」から盛り上がっている話題をチェック

　いまTwitterで話題となっているニュースや、トレンドのキーワードを知りたい場合は「おすすめ」や「トレンド」をチェックしてみましょう。こちらはTwitterの投稿・閲覧データから分析された、話題性の高い情報がリスト化されています。

「おすすめトレンド」を見るには、Twitterアプリの下部アイコンから「検索」ボタンをタップします。

「おすすめ」タブで、自分に向けた注目の話題が、「トレンド」でハッシュタグを確認できます。

ホットな話題に関連したツイートを検索する

　Twitterでは「検索」ボタンを使って、特定のキーワードを含むツイートを検索することができます。この検索機能は、特定のジャンルの話題をキャッチしたい場合にも便利。検索欄にキーワードを入れると、話題性の高いキーワードが上候補に表示されるので、そちらをタップすれば、その時々のトレンドを素早くキャッチできます。

「検索」ボタンをタップして、検索欄に調べたい話題のキーワードを入力します。

入力したキーワードに関連するトレンドワードや、ニュースが候補で表示されるので、そちらをタップしましょう。

検索結果を対象でさらに絞り込む

前のテクニックで紹介した検索結果から、「話題」「最新」「ユーザー」「画像」「動画」などのジャンルごとにツイートを絞り込むこともできます。例えば動画があるツイートだけをチェックしたい場合は「動画」をタップしましょう。

キーワード検索した後、「話題」「最新」「ユーザー」など、絞り込みたい対象を選びましょう。

たとえば「動画」をタップすると、動画が掲載されているツイートだけが絞り込まれます。

複数のキーワードを含むツイートを検索する

検索時のテクニックとして、複数のキーワードを含むツイートの検索もできます。たとえば「iPhone 安売り」と半角スペースを挟んで検索することで、「iPhone」と「安売り」の両方の単語を含んだツイートを探し出すことができるのです。

「キーワードA（半角スペース）キーワードB」と入力して検索します

キーワードAとキーワードBを両方含むツイートが検索されます。

キーワードに完全一致したものを検索する

検索ではキーワードを一部含む投稿も表示されますが、完全に一致したキーワードを含む投稿だけに限定することも可能です。これにはキーワードを「"（検索キーワード）"」というように検索したい言葉を「""」で挟んで検索しましょう。

「"（検索キーワード）"」というように、検索時に言葉を「""」で挟んで検索しましょう。

検索キーワードに完全一致した投稿だけが絞り込まれます。

日本語のツイートのみに絞って検索する

英語のキーワードで検索すると、海外の反応まで検索されてしまいます。日本語のツイートのみに絞り込んで検索するには、検索キーワードの最後に「+lang:ja」という言語指定の文字を入れ込みましょう。

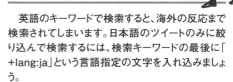

日本語に絞り込むには「キーワード（半角スペース）+lang:ja」と入力して検索します。

使用言語を日本語に設定してあるユーザーの投稿だけに絞って検索できます。

Twitter

「トピック」機能で好みの ジャンルの話題をチェックする

Twitterから効率よく情報を集めるにはこの新機能！

特定の言葉や単語だけでなく、特定の話題を広く、効率よく収集したい場合は「トピック」のフォローが便利です。通常のフォローがTwitterアカウントに対して行なうのに対して、トピックのフォローは「野球」「ハイキング」「ゲーム」など、話題のジャンル自体をフォローする機能。トピックをフォローすることで、該当するトピック内容に沿ったツイートが、表示されるようになります。

トピックを使うことで、趣味や興味があるニュース・話題は、タイムラインを眺めているだけでチェックできるようになるので、情報収集やトレンドのチェックに活躍します。トピックは複数フォローすることができるので、知っておきたい話題のトピックは積極的にフォローしておくと良いでしょう。

「トピック」をフォローして情報収集を効率化する

1 「トピック」を タップする

プロフィールアイコンからメニューを開き、「トピック」をタップします。

2 トピックを フォローする

おすすめトピックなどから、興味のある話題(トピック)をフォローしましょう。

3 さまざまなトピック が用意されている

ジャンルごとにトピックが用意されています。興味のあるトピックを見つけましょう。

4 タイムラインからトピックの話題をチェック

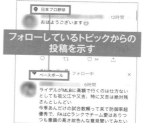

タイムラインでは、フォローしたトピックに関連するツイートが表示されるようになります。

トピックのフォローを解除するには？

興味のなくなった話題のトピックをそのままにしておくと、ノイズになってしまうので、トピックのフォローを解除しておきましょう。フォローしたときと同じく、メニューから「トピック」を開くとフォローしているトピックが表示され、不要なトピックのフォローを解除できます。

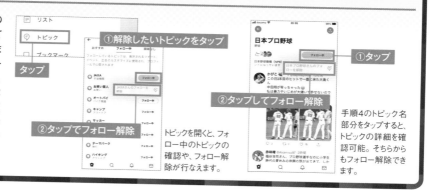

トピックを開くと、フォロー中のトピックの確認や、フォロー解除が行なえます。

手順4のトピック名部分をタップすると、トピックの詳細を確認可能。そちらからもフォロー解除できます。

連携している他のサービスや端末との連携を解除する

Twitterは他のSNSや、Twitterを利用した他社サービスとの連携機能もあります。こうした外部サービスとの連携は便利ですが、すでに利用してないサービスと連携しているのは、セキュリティ的に好ましくありません。連携は定期的に見直して、不要なサービスは連携を解除しましょう。また、第三者からの乗っ取りを防ぐために、利用していない他の端末からログアウトしておくのも大切です。

1 「設定とプライバシー」を開く

プロフィールアイコンをタップしてメニューを表示させ、「設定とプライバシー」をタップしましょう。

2 「アプリとセッション」を開く

設定画面では「アカウント」→「アプリとセッション」とタップします。

3 サービスとの連携を解除する

「連携しているアプリ」欄から連携をしたいサービスを選び、「アプリの許可を取り消す」をタップしましょう。

4 端末の連携をすべて解除する

自分が利用している端末以外からログアウトするには「セッション」→「他のすべてのセッションからログアウト」→「ログアウト」とタップします。

頻繁に表示されるツイッターからの通知を減らす

Twitterを利用していると、自分への返信（@メッセージやDM）以外にも、Twitterからのお知らせとして自分に関係のない内容が通知されることもあります。自分に関連する通知に限定したい場合は「Twitterから」の通知をオフにしましょう。

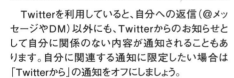

設定メニューから「設定とプライバシー」→「通知」→「プッシュ通知」とタップします。

「Twitterからのおすすめ」の項目にある不要な通知のスイッチをオフにしましょう。

文字サイズを大きくして文字を見やすくする

Twitterアプリの文字が小さすぎて読みづらい！と感じているなら、文字の表示サイズを変更してみましょう。iPhoneでは「画面表示とサウンド」の設定で、文字サイズを4段階で変更できます。最大まで大きくするとかなり読みやすくなるはずです。

設定メニューを開き、「設定とプライバシー」→「画面表示とサウンド」とタップします。

文字調整のスライダーを右に動かすと文字が大きくなります。

Twitter

Twitterにアップロードした連絡先を削除する

Twitterはスマホの連絡先をアップロードすることで、連絡先からTwitterを利用しているユーザーを探し出しやすくなります。しかし、逆に相手からも自分のアカウントを知られてしまう可能性もあるので注意しましょう。もし、プライベートの人間関係と、Twitter上での人間関係を切り離したい場合は、「プラバシーとセキュリティ」設定から、アップロードした連絡先を削除しておきましょう。

1 「プライバシーとセキュリティ」を開く

Twitterのメニューから「設定とプライバシー」→「プライバシーとセキュリティ」とタップします。

2 「見つけやすさと連絡先」をタップ

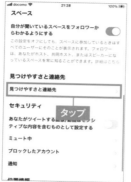

設定項目の中から「見つけやすさと連絡先」をタップします。

3 「アドレス帳の連絡先を同期」をオフにする

①オフにする
②タップ

「アドレス帳の連絡先を同期」をオフにし、「すべての連絡先を削除」をタップします。

4 「はい」をタップする

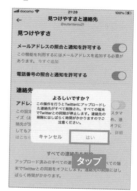

タップ

確認画面が表示されるので「はい」をタップしましょう。

「非公開アカウント」に変更する

Twitterへの投稿は、すべての人に公開されるため、時には投稿に気を使うことも……。もし、気の合う仲間だけと連絡を取りたい場合や、信頼できるユーザー限定でツイートを公開したい場合は「非公開アカウント」にしましょう。非公開アカウントでは、フォロワー以外は自分のツイートを見ることができなくなります。また、フォロワーは自分のツイートをリツイートすることもできません。

1 「プライバシーとセキュリティ」を開く

タップ

Twitterのメニューから「設定とプライバシー」→「プライバシーとセキュリティ」とタップします。

2 非公開アカウントに変更する

オンにする

「ツイートを非公開にする」をオンにしましょう。

3 非公開アカウントになる

アカウントに鍵マークが付き、フォロワー以外にはツイート内容が非公開になります。

自分をフォローしたいユーザーからは、「フォローリクエスト」が届くようになるよ。

非公開アカウントで「フォローリクエスト」に応える

非公開アカウントに設定してある場合、自分を勝手にフォローすることはできず、フォローしようとしたユーザーからは「フォローリクエスト」が届きます。このリクエストに応えるまで、相手は自分をフォローできません。相手のプロフィールやツイート内容を確認してから、フォローの可否を決めましょう。

リクエストに応えるには、メニューから「フォローリクエスト」をタップします。

フォローリクエストを送った相手が表示されます。承認する場合はチェックマークをタップしましょう。

非公開アカウントをフォローする

フォローしたい相手が「非公開アカウント」だった場合、「フォローする」ボタンをタップすると「フォロー許可待ち」となります。相手にフォローリクエストが届き、相手が承認してはじめてフォローすることができます。

相手のプロフィール画面で「フォローする」ボタンをタップします。

フォローリクエストが送信され、「フォロー許可待ち」状態になります。相手が承認すればフォローできます。

電話番号やメールアドレスから見つけられるのを防ぐ

Twitterでは電話番号やメールアドレスを登録することで、連絡先を知っているユーザーから見つけやすくなります。しかし、匿名でTwitterを利用したい場合はこの機能は邪魔になることもあるので、自分が見つからないように対策しておきましょう。「プライバシーとセキュリティ」設定から「見つけやすさと連絡先」の設定を見直すことで、照合機能を無効化できます。また「108ページ」で解説している、連絡先の削除も行なっておくと良いでしょう。

1 「プライバシーとセキュリティ」を開く

Twitterのメニューから「設定とプライバシー」→「プライバシーとセキュリティ」とタップします。

2 「見つけやすさと連絡先」をタップ

設定項目の中から「見つけやすさと連絡先」をタップします。

3 メールと連絡先の照合をオフにする

「メールアドレスの照合と通知を許可する」「電話番号の照合と通知を許可する」をそれぞれオフにしましょう。

匿名でTwitterを利用したい場合は忘れずにオフにしよう。

twitter

知らない人からのダイレクトメッセージを拒否する

Twitterを利用していると、知らない相手からダイレクトメッセージが届くこともあります。しかし、それらの中には交流を目的としたものだけでなく、スパムと言われる邪魔な広告メッセージや、アカウントの乗っ取りを目的とした悪質なものもあります。こうしたトラブルを未然に防ぐためには、ダイレクトメッセージの受信範囲をフォロワーだけに限定しておくと良いでしょう。なお、これはiPhoneとAndroidで最後の手順が異なります。

1 「設定とプライバシー」をタップする

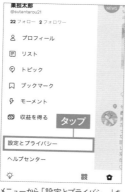

メニューから「設定とプライバシー」をタップします。

2 「プライバシーとセキュリティ」をタップ

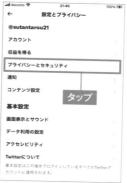

設定項目の中から「プライバシーとセキュリティ」をタップしましょう。

3 ダイレクトメッセージの受信を見直す

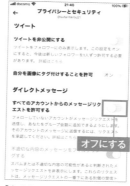

「すべてのアカウントからメッセージを受け取る」をオフに切り替えましょう。

Androidの場合

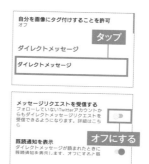

Androidでは手順2の画面の後に「ダイレクトメッセージ」をタップ。「メッセージ・リクエストを受信する」をオフにします。

複数のアカウントを登録して使い分ける

Twitterアプリは、標準で複数のアカウントの切り替えに対応しています。このため、スマホ1つあればプライベートと趣味でアカウントを使い分けたり、会社や団体のアカウントと個人アカウントを使い分けたりといったことも可能です。これにはまず、アプリに切り替えたい別のアカウントを登録しましょう。登録後はメニュー画面からアイコンを選ぶことでアカウントを素早く切り替えられます。

1 「…」をタップする

プロフィールアイコンをタップしたら、右上にあるアカウントボタンをタップします。

2 アカウントの登録を行なう

「新しいアカウントを作成」もしくは「作成済みのアカウントを使う」を選んで別アカウントを登録します。

3 別アカウントが登録される

別のアカウントが登録できると、メニューからアカウントのアイコンを選んで切り替えることができます。

4 アカウントからログアウトする

「設定とプライバシー」→「アカウント」からログアウトできます。

Twitterアカウントの削除方法を知っておこう

何らかの事情や、コミュニケーションに疲れてしまった場合、もしくは自分に合わないと感じたら、Twitterから離れるのも手段の一つです。この際、長期にアカウントを残したまま放置しておくと、スパムメールを送られたり、アカウントを乗っ取られて迷惑ツイートを投稿されるといったリスクもあるため、完全に利用しないのであれば、アカウントを削除して、退会しておく方が安全です。

アカウントの削除は「設定とプライバシー」から「アカウント」をタップして開き、「アカウントを削除する」から削除できます。アカウントを削除すると、これまでの投稿は閲覧できなくなります。なお、アカウントを削除しても30日以内まではTwitterに再ログインするだけで、アカウントを復活できます。削除に後悔したり、問題が解決したら復活も手段として残されています。

1 「設定とプライバシー」をタップする

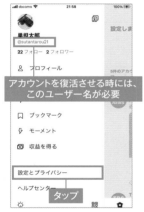

プロフィールアイコンからメニューを開き、「設定とプライバシー」をタップします。

2 「アカウント」をタップする

設定項目の中から「アカウント」をタップします。

3 「アカウントを削除」をタップ

画面の一番下にある「アカウントを削除」をタップ。次の画面でも「アカウント削除」をタップします。

4 パスワードを入力する

アカウントのパスワードを入力して「アカウント削除」をタップしましょう。

5 アカウント削除の最終確認

確認画面が表示されます。削除しても構わないなら「削除する」をタップしましょう。

再ログインでアカウントの復活

アカウントの削除後、30日以内であればアカウントの復活ができます。Twitterアプリを起動して「ログイン」から、ユーザー名とパスワードを入力して再度ログインすればOKです。

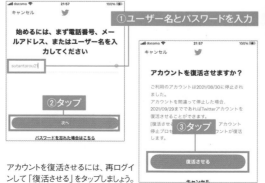

アカウントを復活させるには、再ログインして「復活させる」をタップしましょう。

復活には
ユーザー名と
パスワードが必要です。
事前にメモして
おきましょう。

Instagra

インスタグラム

写真を完全に主体としているSNSが「Instagram」です。友達の投稿した写真、動画はもちろん、タレントや芸人、海外の役者、ミュージシャンなどの投稿した美しい写真も楽しめます。投稿の際にはとても操作性のよい画像レタッチツールで写真や動画を加工でき、手軽にカッコよい写真を作成できます。ビジュアルありきなので、Twitterのように政治的な投稿ばかりが目立つ……ということがなく、安定した気分で楽しめるところは大きなポイントでしょう。

ほかのSNSに比べて、キレイな写真が多いから気分が高揚するわ!

慣れてきたらハッシュタグで自分の趣味の写真を探すのが楽しいわよ!

Instagramの画面はこんな感じ！

おかしいな……
僕の傑作写真なのに。
もっとリアクションが
あってもいいはず。

ホーム画面

❶ 投稿……写真を投稿するときはこのボタンから進めます。
❷ 通知……自分の投稿に「いいね」やコメントがあったときに通知されます。
❸ ダイレクトメッセージ……一対一のメッセージをやり取りしたいときに利用します。
❹ フィード……自分や他人の投稿が流れていきます。
❺ ホーム……ホーム画面を表示します。
❻ 検索……ユーザーやハッシュタグなどを検索します。
❼ リール……「リール」と呼ばれる最大30秒間の動画を視聴できます。
❽ ショップ……利用者の興味に合わせた商品や広告などが表示されます。
❾ プロフィール……自分のプロフィール画面の表示、編集ができます。

写真編集画面

❶ 自動調整機能……Luxと呼ばれる写真の自動調整機能です。
❷ 進む……次の編集工程に進みます。
❸ 写真編集画面……編集中の写真が表示されます。
❹ フィルター一覧……写真を彩るフィルターが表示されます。
❺ フィルタータブ……フィルターを選びます。
❻ 編集タブ……傾きや明るさ、コントラストなどの調整が可能です。

インスタを
やってると
写真とるのが
楽しくなるね！

ストーリーズってなに？	**126**ページ
特定の人だけにストーリーズを公開する	**128**ページ
ほかのSNSにも写真を投稿する	**129**ページ
友だちの写真をリポストってできるの？	**130**ページ
親しい友達にだけ写真を公開する	**131**ページ
アカウントを削除する	**133**ページ

Instagram

Instagramでは何ができるの？

写真や動画を通してさまざまな人とつながります！

Instagramは写真や動画を媒介にしてユーザーとの交流を促進するソーシャルネットワークサービスです。Twitterと同じく気軽にアカウントを作成して、まったく見知らぬ他人でもフォローして交流することが推奨されるオープン性の高さが特徴です。

しかし、Twitterと決定的に異なるのは投稿する際は写真や動画のアップロードが必須でテキストはあくまでアップロードする画像に対する説明文となります。言葉で何かを発信するのが難しいというユーザーは身近な食べ物や自然を撮影してコミュニケーションをするといいでしょう。

コミュニケーション方法はほかのSNSと同じで、投稿に対して「いいね！」やコメントを付けるのが一般的です。ほかに、フォローすると写真や動画の投稿が24時間後に自動で消えるストーリーズやライブ配信機能も搭載しています。

Instagramでできること

テキストはなくてもよい！

1 写真や動画をアップしてほかのユーザーと交流する

テキストのみ投稿することはできず写真や動画を中心に投稿するのが Instagram とほかのサービスとの違いです。

レタッチツールを選んで加工できる

2 豊富なレタッチ機能

写真が主体となるサービスだけあってレタッチ機能が豊富です。10種類のレタッチ機能と複数のフィルタを使って細かく加工できます。

3 ほかのユーザーとの交流が活発

アップロードされた写真には「いいね」やコメントを付けて交流ができます。ダイレクトメッセージを送信することもできます。

検索時はタグをうまく使おう

4 写真の検索性も高い

Instagram は投稿された写真を検索する機能も優れています。ハッシュタグを利用することで目的の写真が簡単に見つかります。

5 ほかのサービスとの連携性が高い

ほかのサービスとの連携性も高く、同じ内容のものを同時にFacebook や Twitter に投稿できます。

写真や動画を中心にいろんな人と交流がしたい人にベスト！

Instagramの
アカウントを取得しよう

電話番号かメールアドレスが必要になる

Instagramを利用するにはアカウントを取得する必要があります。Instagramは基本的にはスマホ専用のアプリのためスマホからアカウントを取得します。まずはiPhoneなら「App Store」、Androidなら「Playストア」からInstagramのアプリをダウンロードしましょう。

アカウントを取得する際は、電話番号かメールア

ドレスが必要となります。電話番号やメールアドレスを入力すると認証コードが送られてくるのでそれを入力し、ユーザーネームを設定すれば登録完了となります。

また、InstagramはFacebookのグループ会社ということもありFacebookアカウントがあれば、簡単にInstagramのアカウントを作成できます。

Instagramのアカウントを取得しよう

1 アプリをインストール

Facebookを利用していない場合、アプリを起動したら「電話番号またはメールアドレスで登録」をタップします。

Facebookアカウントで作成する

すでにFacebookをインストールして使っている場合は、Instagram起動画面の「ログイン」下に表示されるFacebookのアカウント名をタップしましょう。

2 電話番号で取得する

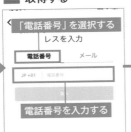

電話番号、もしくはメールアドレスを選択して登録を行います。ここでは電話番号でアカウントを登録します。

2 メールアドレスで取得する

メールアドレスで登録する場合は、「メール」をタップしてメールアドレスを入力しましょう。

3 名前を入力する

Instagramのプロフィールに表示する名前を設定しましょう。名前はあとででも変更できます。

3 認証コードを入力する

登録したメールアドレスに認証コードが送信されるので届いたコードを入力しましょう。

4 パスワードを設定する

ログインパスワードを設定しましょう。あとは画面に従っていけばアカウント作成は完了です。

4 名前を入力する

Instagramのプロフィールに表示する名前を設定し、画面に従っていけばアカウント作成は完了です。

Instagram

プロフィール写真を設定しよう

アカウントを取得した初期状態ではプロフィール写真は真っ白な人形アイコンになっています。プロフィール写真を設定しましょう。メニュー右端にあ

るアイコンをタップするとプロフィール画面が表示されます。人形のアイコンをタップするとプロフィール写真を設定できます。その場でカメラ撮影した

写真のほか端末に保存している写真、またFacebookやTwitterで利用しているプロフィール写真も設定することができます。

1 プロフィール画面を開く

下部メニュー右端にある人形アイコンをタップします。「プロフィールを編集」をタップします。

2 インポート方法を選択する

プロフィール編集画面で「プロフィール写真を変更」をタップします。

3 プロフィール写真を選択する

端末内の写真をプロフィール写真に設定するには「ライブラリから選択」をタップします。

4 レタッチする

レタッチツールを使ってトリミングや色彩の調整をしましょう。調整後「完了」をタップすればプロフィール写真に設定できます。

自己紹介の文章を入力しよう

プロフィール写真を設定したら続いて自己紹介文を書きましょう。プロフィール画面にある「プロフィールを編集」をタップしましょう。「自己紹介」欄に

自分の自己紹介文を150文字以内でテキスト入力しましょう。URLを1つだけリンク設定することができるので、ブログやホームページを持っている人は

リンクさせておくといいでしょう。名前やユーザーネームの変更はこの画面からいつでも行えます。

1 「プロフィールを編集」をタップ

下部メニュー右端にある人形アイコンをタップします。「プロフィールを編集」をタップします。

2 「自己紹介」をタップ

プロフィール画面が表示されます。「自己紹介」をタップします。入力フォームが表示されるので自己紹介文を入力しましょう。

3 「自己紹介」を完了する

プロフィール画面に戻ったら右上のチェックボタンをタップすればプロフィールは完了します。

名前とユーザーネームの違いは

Instagramにはアカウント名を表示するものとして「名前」と「ユーザーネーム」が2つが用意されています。ユーザーネームはログイン時にパスワードと一緒に入力するもので、ほかのユーザーと同一になることはありません。

名前とユーザーネームともに「プロフィールを編集」画面で編集できます。

友だちや家族をフォローしよう

Instagramで友だちを追加するとタイムラインに友だちがアップロードした写真が流れるようになります。身近な友だちを追加する最も簡単な方法は

連絡先を同期する方法です。登録しているユーザーがInstagramを使っていれば、自動的にInstagramに名前が表示されるので追加しましょう。ま

た、Facebookと連携していればFacebookの友だちリストを参照にしてユーザーを探すこともできます。

1 プロフィール画面を開く

Instagramのプロフィール画面を開き、右上にあるメニューボタンをタップします。

2 「フォローする人を見つけよう」をタップ

メニュー画面が表示されます。「フォローする人を見つけよう」をタップします。

3 連絡先を登録する

「連絡先をリンク」をタップしましょう。連絡先内の情報がInstagramにアップロードされます。

4 フォローする

連絡先内の情報と合致するInstagramユーザーを一覧表示してくれます。知っているユーザーがいればフォローしましょう。

検索やおすすめから気になるユーザーを探す

連絡先に登録している知り合い以外のユーザーをInstagramでフォローしたい場合は検索機能を利用しましょう。画面下部に設置されている検索タ

ブをタップしてユーザー名やキーワードを入力すると、関連するユーザーが表示されます。気になったユーザーがいればプロフィールを確認してフォロ

ーするといいでしょう。また、設定メニューの「フォローする人を見つけよう」の「おすすめ」で趣味の合いそうなユーザーを表示してくれます。

1 検索ボックスに名前を入力

名前を入力してユーザーを探す場合は、検索ボックスをタップして名前を入力し、「アカウント」タブをタップします。

2 プロフィールを確認してフォロー

気になる相手のプロフィール画面を開きます。フォローする場合は「フォローする」をタップしましょう。

3 関心事でユーザーを探す

名前だけでなく、関心事や趣味などさまざまな検索ワードを使ってユーザーを探すこともできます。

4 おすすめからフォローする

「フォローする人を見つけよう」画面の「すべてのおすすめ」で、おすすめユーザーを一覧表示してくれます。

Instagram

非公開ユーザーの投稿を見るにはどうすれば？

Instagramのユーザーの中には投稿を非公開にしている人もいます。投稿を閲覧したい場合は自分からフォローリクエストを送ってみましょう。相手が承認すれば閲覧したり、いいね！をつけたり、コメントすることができます。非承認の場合はあきらめるしかありません。

非公開アカウントにアクセスしたら「フォローする」ボタンをタップします。

フォローリクエストが送信され、白色状態になります。相手が承認すると内容が閲覧できるようになります。

自分をフォローしている人を確認したい

他人から自分がフォローされることもあります。自分が誰にフォローされているか確認するにはプロフィール画面を開いて「フォロワー」をタップしましょう。自分もフォローしているユーザーは「フォロー中」、していないユーザーは「フォローする」ボタンが表示されます。

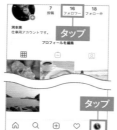
右下のアイコンをタップしてプロフィール画面を表示させます。「フォロワー」をタップします。

フォロワーが一覧表示されます。「フォローする」は自分がフォローしていないユーザーです。「フォロー中」は自分もフォローしています。

フォローされた相手を外すには？

フォロワーの中には投稿するたびに不快になるコメントを残すユーザーも人もいます。そんなユーザーは「ブロック」しましょう。ブロックした相手からは、自分のプロフィール、投稿、ストーリーなどが閲覧できなくなります。なお、ブロックされたことは相手には通知されません。

ブロックしたい相手のプロフィール画面を表示し、右上の「…」をタップします。

メニュー画面が表示されます。「ブロック」をタップしましょう。相手はブロックされます。

Instagramから好みの写真を探し出すには

フォローしている人が投稿した以外の写真を見たい場合は検索ボックスを利用しましょう。検索ボックスにキーワードを入力して「#」印の付いたタブをクリックします。キーワードに該当する写真が一覧表示されます。

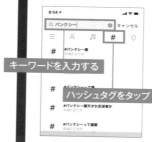
検索ボックスにキーワードを入力します。「#」の入ったキーワードが表示されます。タップしましょう。

Instagram上からキーワードに該当する写真が抽出され一覧表示されます。

特定の スポットの 写真を検索する

　有名スポットの写真を見たい場合は検索ボックスにスポット名を入力後、上部メニューで「スポット」を選択しましょう。表示されたスポット名から適当なものを選択するとそのスポットの写真だけでなく、マップや住所情報も表示されます。

検索キーワード入力後、「スポット」をタップします。関連するスポット名が一覧表示されるので、適当なものをタップします。

そのスポットに関する写真とともにマップ情報も表示されます。マップをタップするとGoogleマップを開くことができます。

お気に入りの写真に 「いいね!」を つけよう

　フォローしたユーザーが投稿する写真の中で気に入ったものがあった場合は「いいね!」付けてみましょう。Instagram上での基本的なコミュニケーション方法で、「いいね!」を付けると相手に自分がアクションしたことが通知されます。

「いいね!」をつけるには写真左下にある白色のハートアイコンをタップしましょう。

白いハートアイコンが赤いハートアイコンに変化します。

気になる写真に コメントを 付けたい

　「いいね!」以外のコミュニケーションにコメントが用意されています。直接テキストでコミュニケーションしたい場合はコメントを付けてみましょう。Instagramではあまりコメントに対する返信を期待せず、軽い感想程度にとどめるのがいいでしょう。

コメントを付けるには写真左下のフキダシアイコンをタップします。文字入力ウインドウが表示されるのでコメントを入力しましょう。

写真の下にコメントが追加されます。

付けた コメントを 削除したい

　もし、場違いなコメントをしてしまい削除したくなった場合は付けたコメントをタップします。コメントの詳細画面が表示されたらiPhoneの場合はコメントを左へスワイプして削除ボタンをタップしましょう。Androidの場合は長押しして削除ボタンをタップしましょう。

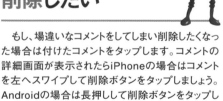

削除したい自分のコメントをタップします。

iPhoneの場合は左へスワイプ、Androidの場合は長押しして表示される削除ボタンをタップしましょう。

Instagram

「アクティビティ」画面の使い方とは

フォロワーの数が多くなってくると、投稿した写真に「いいね」されたり、コメントを付けられる頻度も多くなり、誰がどの投稿にどういうリアクションをしたかわからなくなってきます。フォロワーが自分に対して行った反応を確認するには、上部メニューの右から2番目にある「アクティビティ」を開きましょう。ここで、フォロワーが行ったリアクションを一覧表示できます。

なお、アクティビティ画面からコメントを付けたフォロワーに対して直接コメントを返信することもできます。

1 通知をチェックする

フォロワーからのリアクションがあると、上部のアクティビティに通知マークが表示されます。

2 リアクションの詳細を表示

誰がどの投稿にどのようなリアクションをしたのかを一覧表示できます。未読のものは「NEW」欄に表示されます。

3 アクティビティから返信もできる

コメントに対して返信したい場合は、アクティビティ画面から直接返信することもできます。リフォローもアクティビティ画面からできます。

以前はあった、フォローしているユーザーの行動履歴をチェックする機能は廃止されました

気にいった写真はブックマークに保存

Instagram上の写真は端末にダウンロードできませんが、Instagram独自のブックマークに付けておくことであとで素早く見返すことができます。写真右下にあるブックマークボタンをタップすれば、ブックマーク登録できます。

写真右下にあるブックマークボタンをタップしましょう。これでブックマークに保存完了です。

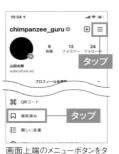

画面上端のメニューボタンをタップし、上部のメニューボタンをタップ。「保存済み」でブックマークを確認できます。

ブックマークに保存した写真を整理したい

ブックマークに保存した写真はアルバムのようにカテゴリ分類することができます。風景、人物、動物など保存した内容ごとにカテゴリ分類しましょう。ブックマーク画面右上にある「＋」をタップすると新しいアルバムが作成されるので、保存する写真を選択しましょう。

保存した写真をカテゴリ分類するには、ブックマークを開き右上の「＋」をタップします。

新規コレクション画面が表示されます。カテゴリ名を付けて「次へ」をタップします。保存する写真にチェックを入れて「完了」をタップしましょう。

フィードに写真を投稿してみましょう

フォローしたユーザーの写真を閲覧するだけでなく自分でも写真を投稿してみましょう。写真を投稿するには画面下部中央にある追加ボタンをタップします。スマホ内に保存している写真が表示されるので、投稿したい写真を選択しましょう。添付する写真に対してキャプションを入力することができます。写真に対して何か説明文を付けたい場合は入力しましょう。なくても問題はありません。

1 追加ボタンをタップ

写真を投稿するには画面下部の「+」ボタンをタップします。

2 写真を選択する

投稿する写真を選択して、右上の「次へ」をタップしましょう。

3 キャプションを入力する

写真に説明文を入力しましょう。入力後、右上の「OK」をタップします。続いて「シェア」をタップします。

4 写真がフィードに表示される

写真がアップロードされしばらくするとフィードに写真が表示されます。

フィルタを使って写真を雰囲気を変える

Instagramにはあらかじめ多数のフィルタが用意されています。フィルタを利用することで手持ちの写真を雰囲気のある写真に簡単にレタッチして投稿することができます。用意されているフィルタの種類は40種類。全体的に色味をおさえるものや、逆に色味を強調するもの、青、緑、ピンクなどの特定のカラーの色味を強くしたものなどさまざまです。インスタ映えする写真を作るなら積極的に活用しましょう。

1 フィルタ選択画面

写真投稿画面で「フィルター」を選択します。フィルターが表示されるので選択してみましょう。

2 フィルタをかけた状態

フィルターを選択すると写真にそのフィルターがかけられます。フィルターをもう一度タップしましょう。

3 強度を調整する

スライダーを左右に調節してフィルターの強度をカスタマイズしましょう。

フィルタの場所を移動する

よく使うフィルタは手前の方に配置しておきましょう。フィルタを長押して左右にドラッグすると位置を変更することができます。

Instagram

旅行などの写真をまとめて投稿したい

　Instagramでは複数の写真を1つの投稿にまとめてアップロードすることができます。写真選択画面で写真を選択したあとに表示される「複数を選択」をタップし、ほかの写真を選択しましょう。最大10枚まで同時に投稿できます。

写真選択画面で写真を選択したあと「複数を選択」をタップします。

写真を複数選択できる状態になるので、アップロードする写真にチェックを入れていきましょう。

傾いた写真や暗い写真を補正したい

　アップロードしたい写真が傾いていたり、暗くて見づらい場合はInstagramに内蔵している補正機能を使いましょう。写真をアップロードする前に傾き、明るさ、コントラスト、色調などのレタッチができます。通常のレタッチアプリより使い勝手もよいです。

写真選択後に表示される画面で「編集」をタップします。レタッチメニューが表示されます。傾きを調整したい場合は「調整」をタップします。

スライダーを左右にドラッグして傾きを調整しましょう。調節が終わったから「完了」をタップしましょう。

動画もアップロードできる

　Instagramは写真だけでなく動画も投稿することができます。ただし、投稿できる動画の時間の長さは、最大60秒という範囲内で決められており、

60秒以上ある動画は調節バーを使って範囲指定してトリミングを行う必要があります。また、写真と同じくフィルターを使って色調を自動で補正するこ

とができます。その場でカメラを起動して動画撮影してアップロードすることもできます。その場合は、写真選択画面で「動画」を選択しましょう。

1 アップロードする動画を選択する

スマホに保存している動画を選ぶ場合は「ライブラリ」を、カメラ撮影する場合は「カメラ」を選択します。

2 60秒以内に収める

60秒を越える動画は60秒以内に収める必要があります。表示されるフレームをドラッグしてアップロードする範囲を指定しましょう。

3 カバーを指定する

「カバー」から投稿したあとにカバー表示させるシーンを指定しましょう。

4 フィルターを選択する

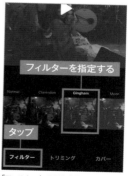

「フィルター」では静止画のフィルターと同じようにフィルターをかけて色調をレタッチできます。

下書き保存してあとで投稿できる

写真レタッチ中にふとスマホをしまわなければいけなくなるときがあります。編集の途中で作業を中断する場合は下書き保存しましょう。下書きを保存するには写真編集画面で戻るボタンをタップされると表示されるメニューで「下書き保存」をタップしましょう。再開する場合は、写真選択画面の上部に新たに追加される「管理」から、下書き保存した写真を選択しましょう。

1 写真の編集中に戻るボタンをタップ

一時保存するには「レタッチ」や「編集」など写真を編集しているときに、左上にある戻るボタンをタップします。

2 「下書きを保存」をタップ

メニューが表示されます。「下書き保存」をタップしましょう。

3 下書き保存したファイルを開く

下書き保存した写真選択画面の上部に追加される「管理」に登録されます。目的の写真をタップ選択して「次へ」をタップします。

4 「編集」をタップする

キャプション編集画面が表示されます。「編集」をタップすれば、編集画面が表示され最後にレタッチした場所からレタッチを続けることができます。

モノや人にタグを付けて交流を促進する

アップロードする写真内容とフォローしているユーザーが関係している場合、写真の好きな位置にそのユーザー名を「タグ」付けしてみましょう。アップロードした写真にタグ付けしたユーザー名が表示されるようになります。フォロワーにそのユーザーとの交友関係をアピールできるだけでなく、タグをタップすればそのユーザーのプロフィールが開くので、宣伝などにも有効です。

1 タグ付けをする

新規投稿画面のキャプションを入力する画面で「タグ付けする」をタップします。

2 ユーザーを指定する

ユーザー検索画面が表示されます。ユーザー名を検索ボックスに入力して、検索結果からタグ付けするユーザーを選択しましょう。

3 タグを付けられる

写真にタグを付けます。「完了」をタップしましょう。

4 タグ付き写真がアップロードされる

タグ付き写真がアップロードされます。タグをタップするとそのユーザーのプロフィール画面が開きます。

Instagram

ハッシュタグを付けて同じ趣味の友だちを見つけよう

アップロードする写真をフォロワーだけでなく、Instagram 上のユーザー全体に見てもらいたいならハッシュタグの活用は欠かせません。ハッシュタグとは半角の「#」とキーワードで構成された文字列のことです。キャプションにハッシュタグを追加することで、同じハッシュタグが付けられているほかのユーザーの写真が一覧表示されます。同じ趣味を持つユーザーを見つけるのに便利です。興味のあるハッシュタグをフォローすることもできます。

1 「キャプション」をタップ

新規投稿画面でキャプションをタップします。入力欄に「#」とキーワードを入力するとハッシュタグの候補が表示され、適用なものを選択するとハッシュタグが付けられます。

ハッシュタグを複数付ければ閲覧ユーザーも増える！

2 ハッシュタグをタップ

アップロードした写真の下にハッシュタグが追加されます。ハッシュタグをタップしてみましょう。

3 ハッシュタグに関する写真が表示される

ハッシュタグが付けられたほかのInstagram ユーザーの写真がサムネイル形式で一覧表示されます。タップすると写真の詳細を確認できます。

写真に位置情報を追加する

写真の場所の情報を Instagram に掲載したい場合、ハッシュタグを付けるほかに位置情報を付ける方法もあります。投稿画面で「場所を追加」に表示されているスポットを選択すればOKです。もし該当するスポットがない場合は検索ボックスでキーワードを入力して探しましょう。位置情報の付けられた投稿写真をタップすると、マップ画面とともにその位置に関する写真がサムネイルで一覧表示されます。

1 位置情報を追加する

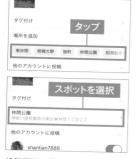

投稿画面の「場所を追加」の下に記載されているスポットから適当なものをタップします。位置情報が追加されます。

2 検索で位置情報を探す

該当するスポットがない場合、「場所を追加」をタップします。検索ボックスが表示されるのでキーワードを入力してスポットを探しましょう。

3 スポット名をタップ

投稿した写真の上に追加したスポット名が表示されます。クリックしましょう。

4 マップが表示される

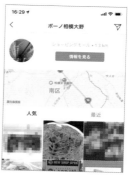

マップ画面とともに追加したスポットに関する写真がサムネイル表示されます。

写真の位置情報を削除したい

　投稿画面で位置情報を設定しないかぎり写真に位置情報が追加されることはありませんが、誤って付けてしまった場合は個人情報の問題もあり危険なため削除しましょう。投稿した写真の編集画面で位置情報を削除できます。

投稿した画面右上のメニューボタンをタップし「編集する」をタップします。

「位置情報を削除」をタップしましょう。あとは右上にある「完了」をタップすれば削除完了です。

投稿した写真を削除したい

　誤ってInstagramに投稿した写真や、削除したい写真は、投稿後に写真右上にある編集メニューから「削除」をタップすれば削除できます。ただし、写真についた「いいね!」やコメントなども削除され、元に戻すことができなくなります。

削除したい写真の右上にある「…」をタップして、「削除」をタップします。

「削除」をタップすると削除されます。「アーカイブ」を選択すると他人には見えない状態にできます。

投稿した写真の情報を編集したい

　ハッシュタグ追加や位置情報の追加など投稿した写真の情報をあとから変更したい場合は、投稿後の写真メニューから「編集」をタップしましょう。編集画面に切り替わります。位置情報、タグ付け、テキストの編集が行えます。写真の編集はできません。

投稿後の写真右上にある「…」をタップして「編集」をタップします。

編集画面が表示されます。タグ付け、位置情報、代替テキストの編集などが行なえます。

フィードの写真をストーリーズに追加する

　フィードに投稿した写真をストーリーズに追加することもできます。できるだけ他人に見てもらいたいお気に入りの写真はストーリーズに追加するのもいいでしょう。また、ほかのユーザーが投稿した写真もストーリーズに追加することができます。

フィード上にある写真の下にある送信ボタンをタップします。

メニューが表示されます。「ストーリーズに投稿を追加」をタップしましょう。

instagram

フォローしている人だけの通知を受け取りたい

アクティビティ画面の初期状態は、フォローしている人だけでなくインスタグラムユーザー全員の自分に対するリアクションが通知アクティビティに通知されます。重要な友だちのリアクションだけ通知させたい場合はお知らせ設定をカスタマイズしましょう。設定画面の「お知らせ」でフォローしているユーザーからのリアクションだけ通知させるようにできます。プッシュ通知のオン・オフ設定も「お知らせ」でカスタマイズすることができます。

1 通知設定をカスタマイズ

アクティビティの通知を絞りたい場合はメニュー画面から「設定」をタップし、「お知らせ」をタップします。

2 お知らせ設定画面

「いいね！」やコメントの通知設定をするには、お知らせ設定画面の「投稿、ストーリーズ、コメント」をタップします。

3 フォロー中の人だけにする

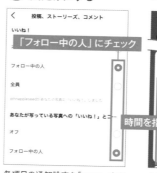

各項目の通知設定を「フォロー中の人」に変更しましょう。フォロー外のユーザーからの通知は届かなくなります。

4 プッシュ通知をすべて停止する

また、プッシュ通知を一時的にすべて停止する場合は、お知らせ設定画面で「すべて停止」を有効にして停止する時間を指定しましょう。

ストーリーズに写真を投稿してみよう

Instagramのフィード上部にはストーリーズと呼ばれるコンテンツが表示されます。ストーリーズをタップすると、そのユーザーがアップした写真やショートムービーが再生されます。ストーリーズにアップロードした写真や動画は24時間経つと自動的に削除されるのが特徴で、ライブ的要素が強く、今日の前で起きていることをフォロワーに伝えたいときに主に利用します。また、写真投稿と異なりストーリーズでは閲覧したユーザー名を確認できるのも特徴です。

1 ストーリーズを作成しよう

ストーリーズを作成するには左上のアイコンをタップします。カメラが起動するのでシャッターボタンをタップして撮影します。

2 ツールを使って加工する

撮影した写真は上部に表示されるツールを使ってスタンプを挿入したり、手書き文字を挿入したりできます。

3 ストーリーズにアップロード

元の画面に戻り右下の「送信先」をタップ。「ストーリーズ」横の「シェア」をタップするとアップロードされます。

動画の場合は1ストーリーで15秒だけど、長い録画は自動で分割してくれるので、長時間の動画もアップできるよ！

フォローしているユーザーのストーリーズを見よう

フォローしているユーザーがアップロードするストーリーズを見るには相手のプロフィール画面に直接アクセスして視聴するほか、ホーム画面上部に表示されるアイコンをタップする方法があります。未視聴のストーリーズはアイコンの周りにカラーが付き、視聴済みのストーリーズはグレーになります。なお、フォローしていないユーザーでも直接プロフィール画面にアクセスすれば視聴できます。

1 ホーム画面から ストーリーズを再生

フォロー中のユーザーがストーリーズを投稿すると、ホーム画面上部にユーザーアイコンが表示されるのでタップします。

2 ストーリーズが 再生される

過去24時間以内にアップロードされたユーザーのストーリーズが再生されます。再生済みのストーリーズはアイコン周りがグレーに変化します。

3 プロフィール画面 から再生する

相手のプロフィール画面のアイコンをタップしても再生できます。フォローしていないユーザーの場合はプロフィール画面から再生しましょう。

投稿後24時間でストーリーズは消えるので見逃し注意!

特定の人にストーリーズを表示させないようにする

ストーリーズは標準では誰でも閲覧できる状態になっていますが、特定のフォロワーには表示させないようにもできます。「ストーリーズコントロール」画面を開きましょう。ここではストーリーズに関するさまざまな設定が行え、その中の1つに「ストーリーズを表示しない」メニューで、ストーリーズを表示させたくないユーザーを指定することができます。匿名や非公開アカウントに対して効果的です。

1 メニュー画面から 「設定」を開く

プロフィール画面右上のメニューボタンをタップし、下にある「設定」をタップします。

2 メニュー画面から 「設定」を開く

設定画面で「プライバシー設定」をタップして、「ストーリーズ」をタップしましょう。

3 メニュー画面から 「設定」を開く

「ストーリーズを表示しない人」をタップします。

4 非表示にする人を 指定する

ストーリーズを表示させたくないユーザーにチェックを入れて「完了」をタップしましょう。

Instagram

ストーリーズを特定の人だけに送信したい

ストーリーズを特定の人だけに見せたい場合はダイレクトメッセージを利用しましょう。ストーリーズ作成画面で「送信先」をタップしたあと表示される

ユーザー選択画面で送信先のユーザー名横にある「送信」をタップします。ダイレクトメッセージでそのユーザーにのみ撮影した写真を送信することがで

きます。ただし、写真添付での投稿と異なり24時間以内に自動消滅するなどいくつか再生制限があります。

1 ストーリーズで写真を撮影する

ストーリーズで写真撮影後、右下に表示される「送信先」をタップします。

2 送信相手を選択する

「おすすめ」以下に表示されているユーザーから送信対象を選択し、横にある「送信」をタップします。

3 ダイレクトメッセージで送信

ダイレクトメッセージでストーリーズが送信されます。添付写真と異なりストーリーズで撮影した写真は「写真」というボタンが表示されます。

一度再生してメッセージ画面から離れると再生できなくなるので注意！

投稿した ストーリーズ の足跡を見る

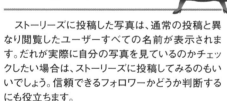

ストーリーズに投稿した写真は、通常の投稿と異なり閲覧したユーザーすべての名前が表示されます。だれが実際に自分の写真を見ているのかチェックしたい場合は、ストーリーズに投稿してみるのもいいでしょう。信頼できるフォロワーかどうか判断するにも役立ちます。

自分のストーリーズを表示するには、プロフィール画面からアイコンをタップします。

ストーリーズが表示され左下に閲覧したユーザーが表示されます。

フィードを 見やすく カスタマイズする

フォロー数が増えてくると特に大事な知り合いの投稿を見逃しやすくなります。あまり興味のない写真ばかり投稿するユーザーはフォローを解除しましょう、そのユーザーの写真がフィードに表示されなくなります。繋がりを維持したい場合は非表示もいいでしょう。

フィードに表示されているユーザー名横の「…」をタップします。

メニューから「フォローをやめる」「非表示」を選べばユーザーの投稿は表示されなくなります。

指定したユーザーにメッセージを送る

InstagramにもLINEやFacebook、Twitterと同じく、特定のユーザーと非公開でメッセージのやり取りを行う機能を搭載しています。コメント欄では話しづらいプライベートな話はダイレクトメッセージを利用しましょう。テキストだけでなくスタンプや写真や動画を添付することができます。なお、ダイレクトメッセージを受信するとホーム画面右上のメッセージアイコンに通知件数が表示されます。

1 「メッセージ」をタップする

ダイレクトメッセージを送信したい相手のプロフィール画面を表示して「メッセージ」をタップします。

2 メッセージを送信する

メッセージウインドウが表示されます。テキストを入力して送信しましょう。写真やスタンプを添付することもできます。

3 メッセージを受信する

相手からメッセージが届くとホーム画面右上のメッセージアイコンに通知件数が付きます。タップするとメッセージウインドウが表示されます。

一度に複数のユーザーに送信することもできる

複数のユーザーに同時に送信するには、メッセージウインドウ右上にある新規作成アイコンをタップし、続いて表示される画面で送信したいメンバーにチェックを入れましょう。

チェックを入れたメンバーに同一メッセージを一斉送信できます。

ほかのSNSに写真を同時に投稿する

Instagramユーザーの中にはほかのSNSも併用しており、Instagramに投稿する写真をほかのSNSにも投稿したいと思っている人は多いことでしょう。Instagramの連携機能を利用しましょう。InstagramではInstagramに投稿する写真をほかのSNSにも自動で投稿することができます。対応しているSNSはTwitter、Facebook、Tumblrなど8サービスです。ただし、写真はアップロードされずInstagram記事へのリンクだけが投稿される場合もあります。

1 「設定」画面を開く

ホーム画面右上にある設定ボタンをタップし、画面下に表示される「設定」をタップします。

2 「他のアプリへのシェア」をタップ

設定画面から「アカウント」をタップし、続いて「他のアプリへのシェア」をタップします。

3 サービスを選択する

連携可能なSNSが一覧表示されます。サービスを選択しましょう。

4 ログインID情報を入力する

選択したサービスのログイン画面が表示されます。IDとパスワード入力して「連携アプリを認証」をタップしましょう。

Instagram

Instagramの写真をLINEに投稿するには？

日本人の多くはLINEを利用していますが、Instagramと連携できるサービスの中には残念ながらLINEの名前はありません。もし、Instagramに投稿し た写真をLINEの友だちにも見せたい場合は、写真のURLをコピーしましょう。Instagramに投稿した写真には個々のURLが与えられています。URLをコピ ーして、LINEのトークやタイムラインに貼り付けて閲覧できます。URLコピーならLINEだけでなくメールやメッセンジャーにも貼り付けることができます。

1 「リンクをコピー」を選択する

写真の右上にある「…」をタップして「リンクをコピー」をタップします。

2 LINEアプリに貼り付ける

LINEアプリを起動してコピーしたURLを貼り付けてトークやタイムラインに送信しましょう。

3 リンクを開く

リンクをクリックするとInstagramのウェブページが開き、非公開アカウントでなければだれでも写真を閲覧できます。

iPhoneユーザーはアプリにシェアする手も

iPhoneの場合は、「…」をタップしたときに表示されるメニューにある「宛先を指定して」をタップすると、アプリ共有が起動してURLをアプリにスムーズに貼り付けられます。

メニューから「宛先を指定して」を選択します。

ほかのユーザーの投稿をリポストするには

Instagram上のお気に入りの写真をフォロワーにもシェアしたい場合は、ストーリーズを使いましょう。Instagramにはタイムライン上に直接写真をシェ アする機能はありませんが、ストーリーズに投稿することで、結果としてフォロワーにシェアすることができます。また、親しい友だちリストを利用することでシ ェアするユーザーを絞ることもできます。
なお、ストーリーズに投稿した写真であれば、メニュー画面からタイムラインにシェアすることもできます。

1 送信ボタンをタップする

シェアしたい写真の左下にある送信ボタンをタップします。

2 送信メニューからストーリーズを選択する

送信メニューが表示されます。ここで「ストーリーズに投稿を追加」をタップしましょう。

3 ストーリーズに投稿する

ストーリーズの投稿画面が表示されます。左下の「ストーリーズ」をタップすれば、写真をストーリーズとして投稿できます。

4 タイムラインにシェアする

タイムラインにもシェアしたい場合は、ストーリーズに投稿した写真を開き、メニュー画面から「投稿としてシェア」を選択しましょう。

余計な通知をできるだけオフにする

　自分の投稿に「いいね!」やコメントが付くと、アクティビティ欄に通知してくれます。しかし、フォロワーの数が増えてくると通知数が多くなり、わずらわしくなります。余計な通知をできるだけ減らして必要な通知のみ表示させたい場合は、設定画面の「お知らせ」を開きましょう。いいね、コメント、ストーリーズ、ダイレクトメッセージなどさまざまなコンテンツの通知設定をカスタマイズできます。

1 設定画面を開く

ホーム画面右上のメニューボタンをタップし、下側にある「設定」をタップします。

2 「お知らせ」をタップ

プッシュ通知の設定を行うには「お知らせ」をタップします。

3 プッシュ通知の設定

「投稿、ストーリーズ、コメント」をタップして通知してもらいたい項目だけを有効にしましょう。

4 ダイレクトメッセージの設定

お知らせ画面の「Directメッセージ」ではメッセージリクエストやメッセージがあったときに通知するかどうかの設定ができます。

非公開アカウントにするには

　Instagramは標準では誰でも投稿した写真が閲覧できる状態になっています。しかし、ユーザーの中には親しい友達にだけプライベートな写真を見せたい人もいるでしょう。そんなときは非公開アカウントに変更しましょう。非公開アカウントにするとフォロワー以外のユーザーに自分の投稿した写真が見られることはなくなります。フォローも承認制になるため怪しいユーザーをブロックできます。

1 設定画面を開く

ホーム画面右上のメニューボタンをタップし、下にある「設定」をタップします。

2 プライバシー設定を開く

「プライバシー設定」をタップします。

3 非公開アカウント設定を有効にする

非公開アカウントのスイッチを有効にしましょう。これでフォロワー以外のユーザーは投稿を閲覧できません。

4 鍵マークが付く

非公開状態になっているか知るにはプロフィール画面を表示します。ユーザーネームの左に鍵マークが付いていれば非公開になっています。

Instagram

登録したメールアドレスを変更するには？

Instagramのアカウントを作成する際はメールアドレス、電話番号のどちらかを登録しています。初期設定で登録したこれらの個人情報はあとで変更することができます。初期設定で適当なメールアドレスに登録してInstagramからのお知らせがどこに届いたかわからなくなった場合は、メールアドレスを変更しましょう。なお、Facebook認証でアカウントを作成した場合は、Facebookに登録したメールアドレスを利用する設定になっています。

1 「プロフィールを編集」をタップ

登録したメールアドレスや電話番号を変更するにはプロフィール画面を開き、「プロフィールを編集」をタップ。

2 「個人情報の設定」をタップ

プロフィール編集画面が表示されます。下の方にある「個人情報の設定」をタップします。

3 新しいメールアドレスを登録する

個人情報が表示されます。メールアドレスをタップすれば、ほかのメールアドレスに設定を変更できます。

4 電話番号を変更する

電話番号を変更するにはプロフィール編集画面で電話番号をタップし、新しい電話番号を入力しましょう。

近くにいる人にフォローしてもらうには

外出先で知り合った友達に自分のアカウントをフォローしてもらいたい場合は、検索で探してもらうよりQRコードを使った方が簡単です。自分のプロフィール画面でQRコードを表示して相手のカメラに読み取ってもらうだけでフォローしてもらえます。

ホーム画面右上のメニューボタンをタップして「QRコード」をタップします。

QRコードが表示されます。これをカメラで読みとってもらいましょう。

ログインパスワードを変更したい

Instagramにログインする際はアカウント作成時に登録したパスワードを入力する必要があります。セキュリティを高めるにはパスワードを定期的に変更することをおすすめします。設定画面の「セキュリティ」の「パスワード」でパスワードの変更ができます。

プロフィール画面のメニューボタンをタップし「設定」をタップ。設定画面が表示されたら「セキュリティ」をタップします。

「パスワード」をタップします。パスワード設定画面が現れます。現在のパスワードと新しいパスワードを入力しましょう。

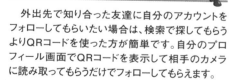

Instagramアカウントの削除方法を知りたい

コミュニケーションに疲れたり、トラブルなどでInstagramをやめたいと考えている人はアカウントの削除を検討してもよいでしょう。

ただし、Instagramのアカウントの削除は「Instagram」のアプリ上から直接行うことができません。削除するには、Safariなどのブラウザでアカウント削除のページにアクセスして削除申請をする必要があります。ページにアクセスしたら、利用しているInstagramのアカウントのIDとパスワードを入力してログインして退会手続きを行いましょう。

すべてのデータが消えてしまうのが惜しいという人はアカウントの一時停止を検討するのもいいでしょう。一時停止にするとユーザーからは自分のプロフィールや投稿などのデータが消えた状態になりログインもできなくなりますが、再開することもできます。

1 ブラウザで削除ページへ移動する

SafariなどのブラウザでInstagramの削除ページ（https://www.instagram.com/accounts/remove/request/permanent/）にアクセスしてアカウント情報を入力してログインします。

2 アカウントを削除する理由を選択

「アカウントを削除する理由」をタップして、下から理由を選択し、「完了」をタップします。

3 パスワードを入力する

ログインパスワードを入力して「アカウントを完全に削除」をタップします。

4 アカウントを削除する

アカウントを削除するか聞かれるので「OK」をタップしましょう。

5 ブラウザでアクセスする

一時停止する場合は、ブラウザでWEB版インスタグラムにアクセスして、プロフィール画面を開き「プロフィールを編集」をタップします。

6 プロフィール画面を開く

下へスクロールして「アカウントを一時的に停止する」をタップします。

7 パスワードを入力して一時停止する

停止理由を選択し、ログインパスワードを入力し、「アカウントの一時的な停止」ボタンをタップしましょう。アカウントにログインできなくなります。

アカウントの一時停止直後は再開できないよ。数時間待つ必要がある！

Zoom

ズーム

世界中がコロナ禍となり、一斉にテレワーク化が促進されましたが、テレワーク化で急速に使われ始めたカテゴリーがあります。それがオンラインミーティングツールのジャンルであり、中でもこの「Zoom」は使いやすさ、便利さから人気No.1となりました。複数人がオンライン上で顔を見合わせて会議や、飲み会などを快適に行うことができるツールです。本書で紹介しているほかのSNSツールとは性質がやや違いますが、使い方を知っておくと役立つのは間違いないでしょう。

外で飲めないのは残念だけど、Zoom飲みはこれはこれで気楽でいいのよね!

会社に行かなければ!という意識がかなり減ったよね。

Zoomの画面はこんな感じ!

バーチャル背景も
凝りだすと
面白いよ!

重要な会議は
パソコンを
使った方がいいわよ!

パソコン画面

① 自分の表示……パソコンのカメラで撮られている自分が表示されます。

② ほかの参加者……ほかの参加者が表示されます。

③ マイク……マイクのオン・オフ操作をします。

④ ビデオ……ビデオ送信のオン・オフ操作をします。

⑤ 参加者の一覧表示

⑥ チャット……チャットのウィンドウを表示させ、チャットすることができます。

⑦ 画面の共有……PC内のさまざまなファイルの表示が可能です。

⑧ レコーディング……Zoomのミーティングを録画、録音することができます。

⑨ リアクションボタン

⑩ 終了……Zoomミーティングを終了します。

④ 自分の表示……自分のスマホのカメラの映像が表示されます。

⑤ ほかの参加者……ほかの参加者が表示されます。

⑥ マイク……マイクのオン・オフ操作をします。

⑦ ビデオ……ビデオ送信のオン・オフ操作をします。

⑧ 画面共有……スマホ内のさまざまなファイルの表示が可能です。

⑨ 参加者の一覧表示

スマホ画面

① 音声コントロール……音声のオン・オフ操作をします。

② カメラ切り替え……スマホのカメラのイン・アウトを切り替えます。

③ 退出……Zoomミーティングから退出します。

Zoom

会議や飲み会の定番!? Zoomとはどういうもの？

複数人でビデオ通話ができるコミュニケーションツール

Zoomは複数人でビデオ通話・会議を利用できるコミュニケーションツールです。大きな特徴はPC・スマホを問わず、さまざまなシーンで利用できることでしょう。そして制限こそあれど、「無料」で利用できることです。こうした導入の手軽さから、コロナ禍によって急速に広まった、テレワークやビデオ会議の定番サービスとなっています。

在宅ワークの広まりによって、ビジネス用途のイメージの強いZoomですが、実は個人でも利用できるサービスです。登録も参加も簡単なので、顔を合わせて話しにくい昨今では、オンラインで複数の友だちを集めて話したり、お酒を飲みながら盛り上がる「Zoom飲み会」なども、個人間のコミュニケーション手段として日常的に利用されています。ここからはZoomの特徴から、基本的な使い方までを紹介していきます。

Zoomが支持されている5つの理由

PC・スマホを問わず、いろいろな端末で会議に参加できて、無料でも十分な機能が備わっているのがZoomの便利なところです。招待も簡単で、自分の背景を変更する便利機能も備わっています。

1 端末を問わず会議に参加できる
2 無料で利用できる
3 気軽に招待できる
4 バーチャル背景を利用できる
5 映像を録画できる

スマホでもPCでも参加できて
背景を変えられるのも便利ね！

無料で始められるから友だちとのコミュニケーションにも最適！

無料で利用可能	2,000円 /月/ライセンス	2,700円 /月/ライセンス	2,700円 /月/ライセンス
100人の参加者までホスト可能	参加者最大100名をホスト	参加者最大300名をホスト	参加者最大500名をホスト
最大40分のグループミーティング	大規模ミーティング アドオンで最大 1,000 名の参加者へ増加	大規模ミーティング アドオンで最大 1,000 名の参加者へ増加	クラウドストレージ無制限
1 対 1 ミーティング無制限（1 回のミーティングにつき 30 時間の時間制限あり）	グループミーティング無制限	シングルサインオン(SSO)	トランスクリプション
Private & Group Chat	SNSストリーミング	クラウド録画トランスクリプト	その他さまざまなサポート
	1GB分のクラウド録画（ライセンスごと）	管理対象ドメイン	
		会社のブランディング	

いくつもプランがありますが、個人で使うなら一番左の「無料」のプランで十分！ 無料でも最長40分、大人数でのビデオ通話が利用できます。

無料プランでも
1回あたり40分。
つなぎ直せば
何度でもビデオ会議
できるよ！

ここがスゴイ！
環境音・雑音にも強くて
声がクリア！

Zoomは周囲の雑音をカットして声をはっきり伝えてくれる機能があります。エアコンや扇風機の間近で利用していても、雑音はほぼ相手には聞こえません。

スマホアプリのインストールとアカウント作成

　Zoomをどこでも手軽に使いたいなら、スマホでの利用がおすすめです。スマホアプリとブラウザからもZoomに登録できるので、自分がミーティングを主催したい場合はアカウントを作成、登録しましょう。

　これにはZoomアプリをインストールして「サインアップ」から進めます。登録には有効なメールアドレスが必要ですが、GmailやiCloudメールなど、フリーメールでもOKです。なお、登録を完了するまでにアプリだけでなく、メールアプリやブラウザでの操作が必要になるので、手順を確認しつつ進めていきましょう。

ミーティングを主催する場合はアカウント登録も行なおう

- ●ミーティングへの参加→アカウント登録不要
- ●自分でミーティングを作って招待する→アカウント登録が必要

友だちが作成したミーティングに招待されて参加するだけなら、アカウント登録は不要。自分でミーティングを作成して招待したい場合は、アカウント登録を済ませておきましょう。

1 アプリをダウンロード

QRコードを読み込んでZoomアプリをインストールしましょう。

2 「サインアップ」から登録する

Zoomにアカウント登録する（ミーティングを主催する）には「サインアップ」をタップします。

3 メールアドレスと名前を登録

確認のため生年月日を入力。続いてメールアドレス、名前を入力し「サインアップ」をタップします。

4 メールで認証を済ませる

認証メールが届いたら「アカウントをアクティベート」をタップします。

5 ブラウザでZoomに本登録
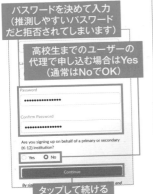
ブラウザで本登録ページが開くので名前とパスワードを入力。「Continue」をタップしましょう。

6 友だちの招待メールはスキップできる

この時点で知り合いをZoomに招待できますが、ここは「手順をスキップする」でスキップしてしまいましょう。

7 ユーザー登録の完了

ユーザー登録が完了します。この画面は閉じてもOK。「マイアカウントへ」をタップすると、自分のアカウントの確認もできます。

8 Zoomアプリでサインイン

Zoomアプリに戻り、手順2の「サインイン」から登録したメールアドレスとパスワードを入力して「サインイン」をタップしましょう。これでZoomの利用準備は完了です。

Zoom

PCでのアカウント作成とアプリのインストール

ZoomはPCで使う機会も多いサービスです。ここではPCからのアカウント作成とアプリのインストール方法も紹介しておきます。はじめ方は基本的には前のページで紹介しているスマホでのセットアップと手順は同じですが、PCから登録する場合はZoomのWebサイトからアカウントを登録。その後、PCのアプリを準備する方法がおすすめです。

PC用アプリはWindows用とMac用があるので、自分のPCに適したものをインストールしましょう。ここでは一例としてMac版のアプリを利用しています。Windows、Macでやや画面は異なりますが、基本的な使い方は同じです。

Webサイトから
アカウントを
登録してから
アプリを設定しよう

---

1 Zoomの Webページを開く

サインアップは無料です

クリック

Zoom
https://zoom.us

PCでのセットアップは、まずアカウントを登録するのがおすすめです。ZoomのWebページを開いて「サインアップは無料です」をクリックしましょう。

2 生年月日を入力する

メールアドレスを入力

クリック

確認のため生年月日を入力して「続ける」をクリック。続いてメールアドレスを入力して「サインアップ」をクリックしましょう。

3 メールで認証する

クリック

登録したメールアドレスに認証メールが届くので、そちらを開き「アカウントをアクティベート」をクリックします。

4 名前とパスワードの入力

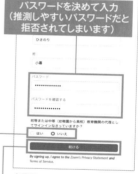

パスワードを決めて入力
（推測しやすいパスワードだと
拒否されてしまいます）

高校生までのユーザーの
代理で申し込む場合は「はい」
（通常はいいえでOK）

クリックして続ける

本登録ページが開くので名前とパスワードを入力。「続ける」をタップしましょう。

---

5 Zoomに 登録が完了

スキップしましょう

クリック

Zoomの登録が完了します。知り合いをZoomに招待できますが、ここは「手順をスキップする」でスキップしましょう。「Zoomミーティングを今」をクリックします。

6 「今すぐダウンロード」から PCアプリをダウンロード

今すぐダウンロードする

クリックしてPC用アプリを
ダウンロード

ミーティングの開始画面が開きますが、PC用アプリを先にダウンロードしましょう。「今すぐダウンロードする」をクリック。PC用アプリをダウンロードしてインストールしましょう。

7 Zoomアプリでサインインする

登録したメールアドレスと
パスワードでサインインする

Zoomアプリを起動したらまずは「サインイン」をクリック。登録したメールアドレスとパスワードを入力してサインインすれば、Zoomの利用準備が整います。

ミーティングルームを立ち上げる/終了する

Zoomでミーティングを主催してみましょう。これにはZoomアプリを起動して「新規ミーティング」から「ミーティングの開始」をタップします。この際、準備などでビデオを最初からつけたくない場合は、「ビデオオン」のスイッチをオフにしておくと良いでしょう。

ミーティングに他の人を招待するには下のテクニックを参照します。ミーティング画面の使い方は140ページで解説しているので、そちらも合わせて確認しましょう。

1 「新規ミーティング」をタップする

Zoomミーティングを始めるには、Zoomアプリを起動し「新規ミーティング」をタップする。

2 「ミーティングの開始」をタップ

ミーティングの開始をタップします。ビデオのオン・オフもこの画面で事前に設定できます。

3 ミーティングの配信が始まる

ミーティングの配信が始まります。iPhoneでは音声に接続する方法が問われるので「Wi-Fiまたは携帯のデータ」を選びましょう。

4 ミーティングの終了

ミーティングを終了するには右上の「終了」ボタンをタップし、「全員に対してミーティングを終了」を選びましょう。

ミーティングに参加者を招待する

ミーティングで会話したい相手を誘いましょう。これには画面下部の「参加者」をタップします。参加者一覧画面から「招待」を選びます。招待方法はいくつかありますが、メールを使った接続リンクの送信が一般的。相手のメールアドレス宛にメールを送信すればOKです。相手は送られてきたメールに記載されているURLを開けば、Zoomアプリが起動してミーティングに参加できるという仕組みです。

1 「参加者」をタップする

ミーティングに招待するには、画面下部の「参加者」をタップします。

2 「招待」から招待方法を選ぶ

ミーティングの参加者が表示されるので、「招待」をタップ。招待方法を選びます。

3 招待メールを送る

Zoomへの招待URLが記載されたメールが作成されるので、宛先を選んで送信しましょう。

4 ミーティングに参加できる

ミーティングに相手が参加します。複数人が同時に会話できるので、一緒に会話したい相手を招待しましょう。

Zoom

ミーティング画面の見方と使える機能をチェック

　スマホとPCのZoomのミーティング画面の見方、よく使う機能を確認していきましょう。相手の顔を見ながら会話できたり、チャットを利用できるという、基本的な機能はスマホとPCとで相違ありませんが、画面の大きさの差によってやや画面レイアウトは異なります。たとえば「チャット」機能です。スマホ版でチャットを送るには、「詳細」メニューからチャット画面へ切り替える必要がありますが、PC版ではミーティング画面の右側にチャット欄を展開でき、映像と同時にチャットを利用することができます。

　また、PC版独自の設定としては、マイクやビデオの選択ができます。PC内蔵マイクやイヤホン、外部Webカメラを利用したい場合はアイコンの右にある「＾」ボタンから変更していきましょう。

初期設定では発言中の人物が画面に大きく表示されるよ！

スマホの画面とよく使う設定

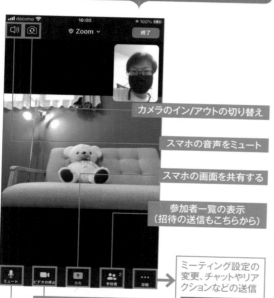

- カメラのイン/アウトの切り替え
- スマホの音声をミュート
- スマホの画面を共有する
- 参加者一覧の表示（招待の送信もこちらから）
- ビデオの送信を一時停止
- マイクをミュート

スマホでは「詳細」メニューに複数の機能がまとめられています。

ミーティング設定の変更、チャットやリアクションなどの送信

必要な機能に素早くアクセスできるのがスマホ版Zoomの良いところ。「詳細」では「チャット」からチャット画面を表示し、文字チャットをやり取りしたり、「手を挙げる」で参加者にアピールすることもできます。

PCの画面とよく使う設定

- マイクをミュート
- ビデオの送信を一時停止
- PCの画面を共有する
- 参加者一覧の表示（招待の送信もこちらから）
- リアクションを送る
- Zoomのミーティングを動画や音声で録画

アイコンの右にある「＾」ボタンから利用するマイクやスピーカー、ビデオデバイスを選択できます。

チャットウインドウの表示、チャットの送信

PC版では基本的な使い方はスマホと同じですが、広い画面を利用した機能が利用できます。たとえば、チャット画面は配信画面右に展開され、映像と同時にチャットを利用できて便利です。また、画面をPCにレコーディング（142ページで解説）できるのもPC版の利点です。

画面共有は超便利! PCやスマホの画面を相手に見せよう

PCでZoomを利用するならぜひ覚えておきたいのが「画面の共有」機能です。この機能では、PCのデスクトップを相手と共有できます。つまり、対面での会話と同じように、「PCの画面を見せながら説明する」といったことも簡単にできるのです。また、デスクトップ全体ではなく、特定のアプリケーションの画面を共有したり、共有画面にペンで手書きできるのも便利。ぜひミーティングに活用してみましょう。

1 「画面の共有」をクリックする

共有する画面やアプリを選択

共有の開始

ミーティング画面から「画面の共有」をクリック。配信する画面を選択しましょう。画面単位だけでなく、特定のアプリケーションの画面だけを配信することもできます。

2 共有画面にコメントを付ける

クリック

共有画面に手書きなどを加えて解説できる

共有画面上部にマウスを移動させると、共有ツールが表示されます。「コメントを付ける」を選べば、画面にテキストや手書きの文字などを加えて説明することもできます。

スマホも「画面の共有」からスマホ画面を共有できるよ!

散らかっていても大丈夫なバーチャル背景

Zoomで人気の機能が「バーチャル背景」。これは自分の背景を別の画像に差し替えられるもの。バーチャル背景を有効にすれば、たとえ部屋が散らかっていても、安心してビデオ通話を楽しめるのです。なお、この機能はPCへの負荷も高いので、古めのPCでは動きが重くなってしまうこともあるので留意しましょう。また、スマホでも利用できますが、性能が高めの、比較的新しい機種に限定されます。

1 「バーチャル背景を選択」をクリック

クリック

ビデオボタンの「^」をクリックし、「バーチャル背景を選択」をクリックします。

2 利用したいバーチャル背景を選ぶ

選んだ背景が適用される

標準で用意されたバーチャル背景から、利用したいものを選びましょう。自分の背景だけが切り替わり、部屋の様子を隠すことができます。

PCに保存されている画像や動画も背景に利用できます。これには「+」ボタンをクリックして、ファイルを指定しましょう。

3 一部のスマホでも利用可能

iPhone（iPhone 8以降）や、Zoomの条件を満たすAndroidでは、PCと同じようにバーチャル背景を利用できます。iPhoneの場合は「詳細」ボタンから「背景とフィルター」を選びましょう。

Zoom

URLなどを共有できるチャット機能も便利!

チャットではビデオ通話を繋いだまま、文字でのチャットコミュニケーションが利用できます。お気に入りのサイトのURLやYouTubeチャンネル、音声トラブル時の連絡など、ビデオ通話だけでは伝えきれない情報は、チャット機能を活用していきましょう。

送信先を指定してメッセージを送ることもできます

スマホでチャットを始めるには「詳細」をタップして「チャット」をタップして画面を切り替えます。

ビデオ通話を繋いだままで、文字を使ったチャットコミュニケーションを利用できます。

手書きで情報を伝えられるホワイトボードも便利

チャットと同様に、情報を伝えるのに効果的なのが「ホワイトボード」の共有。画面共有に含まれる機能で、ホワイトボードを共有して、お互いに手書き文字を記入できます。iPhoneでは共有できませんが、共有されたホワイトボードの閲覧、記入は可能です。

ペンアイコンから編集できる

PCでは「画面の共有」→「ホワイトボード」と選択。Androidでは「共有」→「ホワイトボードの共有」を選びます。

ミーティング参加者で手書きできるホワイトボードが共有できます。参加者は誰もが手書き可能です。

PCならミーティングの録画もできて便利!

PC版のZoomには、ミーティングの映像と音声を録画(レコードディング)する機能が備わっています。主に会議を映像で残して、議事録として見返すための機能ですが、友人とのビデオ通話などもレコードディングしておけば、「あのときのあの話題なんだっけ…?」となったときに気軽に見返すことができます。ただし、レコーディングを行なうには参加者の同意も必要なので、プライバシーには十分注意しましょう。

1 「レコードディング」ボタンをクリックする

レコーディング

レコーディングの開始・停止

PCのミーティング画面で「レコーディング」ボタンをクリックするとレコーディングが始まります。

2 レコーディング開始の確認

レコーディングされるのが問題なければ「了解」をタップ

ミーティング参加者にはレコーディングが開始されたことが通知されます。問題なければ「了解」を選びましょう。

3 レコーディングデータの再生

レコーディングされた動画・音声はミーティングを終了すると変換が開始され、PCへ保存されます。

必ずチェック! Zoomを使う上での基本マナー

Zoomは一気に広まった新しいコミュニケーションツールなので、利用者の幅も広く、利用環境・スタイルもそれぞれです。しかし、多人数で会話すると いう特性上、いくつか気をつけておきたいマナーがあります。特に留意したいのがマイクについてです。会話に参加していない場合はマイクをミュートしたり、イヤホンマイクを導入してハウリングを抑えたりなど、参加者が快適に通話できる環境を整えると良いでしょう。

1 発言しないときはこまめにミュート

退席・参加者同士の会話が盛り上がっている時などはミュートがおすすめ

離席や他人同士が会話で盛り上がっている最中など「聞き専」に徹するときは、ミュートしておくと良いでしょう。

2 音声・映像機器を間違えないように

音質の良いマイクを選択するのも大事

PCでは音声・映像に利用するデバイスを選択できます。複数の機器が繋がっている場合は、品質の良い機器を選びましょう。

3 イヤホンでハウリング対策

スピーカーから音を出していると、相手の声をマイクが拾って声が回ってしまう「ハウリング」も起こりがち。これを防ぐにはイヤホンを使うのが効果的。スマホではイヤホンマイクの利用がおすすめです。

マイク関係の気遣いは特に大事!

Zoom利用時はセキュリティ面にも注意しよう

ミーティングに参加するには、共有されたURLをクリックするか、ホストのミーティングIDとパスワードが必要です。限られたユーザーしかアクセスできない仕様になっていますが、手違いでインターネットで公開してしまうと、誰にでもアクセスされてしまいます。これを防ぐには、「待機室」を使ったり、参加者がそろったらミーティングをロックして、以降の参加を禁止するのが効果的です。

1 招待メールの送信先を確認する

招待する人を必ず確認

この情報が知られると入られてしまう

招待メールを送る際は、関係ない人物が含まれていないか?を送信前に必ず確認しておきましょう。

2 「待機室」を有効にする

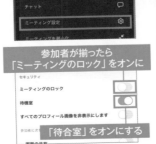

参加者が揃ったら「ミーティングのロック」をオンに

「待合室」をオンにする

スマホでは「詳細」→「セキュリティ」とタップして「待機室」をオンにします。

3 ミーティング参加にホストの許可が必要になる

許可を与えると参加できる

「待合室」を有効にすると、参加者はホスト(自分)の許可がないとミーティングに参加できません。ホストは相手を判断してから、ミーティングに参加させられます。

4 全員揃ったらミーティングをロック

ロックされたミーティングには入れない

手順2で「ミーティングのロック」をオンにすると、以降は誰も入れなくなります。全員揃ったら忘れずオンにしておきましょう。

" SNSはあくまで 自分が楽しむためのもの！ "

本書で紹介したSNSアプリは、やり方・楽しみどころがわかり、友達も増えてくると非常に楽しいものです。ただ、自分だけで楽しむゲームなどと違って、他人がからんでくるので、使う時間、投稿の内容、友達への配慮や承認欲求など、いろいろな意味で制御するのが難しい部分もあります。

ある程度SNSをやっていると、何百リツイートもされたり、通知がずっとなり続けて止まらない……いわゆる「バズる」こともあります。もちろん、快感が伴う嬉しいことである場合が多いですが、それによって反感を買い、誹謗中傷を受けたり、意図していなかった非難を受けたりする可能性もあります。

また、「SNS疲れ」という言葉もあるように、最初は楽しみで始めたことが、次第に時間をとられすぎるようになったり、友達への対応で大変な心労を味わったりと、苦痛の原因となってしまうこともあります。疲れたり、時間をとられすぎていると感じた場合は思い切って大幅に利用を減らし、SNSに触れない時間を意識的にとるようにしましょう。自分が消耗するまでSNSをやり続けても何の意味もありません。あまり重く考えず、気楽に考えていきましょう。

2021年9月30日発行

執筆
河本亮
小暮ひさのり

カバー・本文デザイン
ゴロー2000歳

イラスト
浦崎安臣

DTP
西村光賢

編集人　内山利栄
発行人　佐藤孔建
印刷所:株式会社シナノ
発行・発売所:スタンダーズ株式会社
〒160-0008
東京都新宿区四谷三栄町12-4
竹田ビル3F
営業部（TEL）03-6380-6132
（書店様向け）注文FAX番号 03-6380-6136

https://www.standards.co.jp

最新改訂版！
大人のための
LINE ライン
Facebook フェイスブック
Twitter ツイッター
Instagram インスタグラム
Zoom ズーム
パーフェクトガイド